sendp●ints

善 本 文 化

猫共处

猫咪毛色与性格的基因密码

X-Knowledge 著

［日］荒堀实 ［日］村山美穗 编

丁楠 译

岭南美术出版社

南方传媒

中国·广州

前言

你喜欢什么样的猫咪呢?

当被问到这个问题时,我想多数"铲屎官"都会给出这样的答案:"还是我家的崽最好!"或"什么样的猫咪都喜欢!"

因为猫咪实在太有魅力了!

脸庞也好,身形也好,毛发的长度和色泽也好,身上的花纹也好,猫咪的形象可谓包罗万象。

同样丰富多彩的还有猫咪的性格。有的喜欢卖萌撒娇,有的虽然表面高冷,却时而调皮捣蛋,时而乖巧可爱,每种性格都那么惹人喜爱,让人欲罢不能。

"它的毛手感怎么那么好呢!""它的性格怎么那么讨人喜欢呢!"相信爱猫的你在见到它的瞬间一定也曾发出过这样的感叹吧!

说到这里,你想不想了解一下隐藏在猫咪毛色与性格背后的秘密呢?

为了回答这个问题,本书将从"基因"角度着手,在京都大学CAMP-NYAN项目(Companion Animal Mind Project,伴侣动物心理学项目)的研究员荒堀实博士与京都大学野生动物研究中心的村山美穗教授的协助下,尝试对猫咪的毛色、性格及魅力做出解释。

关于猫咪的基因,目前正在解读的部分都是与毛色和花纹有关的。从我们身边常见的非纯种猫,到拥有血统证书的纯种猫[1],每种猫咪为何会长出这样的毛色和花纹,是可以用基因来解释的。

---

① 纯种猫的品种是由多个认证机构规定的。认证机构所规定的形态被称为"品种标准"。(除另有说明外,本文所有注释均为原注。)

　　基因能够决定的不只有毛色，据说性格也会受到基因的影响，而更有可能的是，一部分控制毛色的基因本身就与性格的形成有关①。如今，关于猫咪的毛色与性格之间关系的研究正在全世界展开，CAMP-NYAN项目也曾通过问卷调查从饲主与兽医那里收集相关数据，尝试对不同毛色的猫咪的性格倾向进行分析。

　　除基因外，另一个能够对猫咪的性格造成重大影响的因素是"环境"。"环境"二字也许听起来并不复杂，但若深究，养育环境可以由无数个变量构成，若想将所有因素加在一起，找到它们与猫咪性格之间的关联，可以说是一件极其困难的事。尽管如此，从现有的研究成果出发，经过严谨的验证后，我们还是取得了不少新成果。在第一章，我们将对毛色的变化机制，以及可能对此构成影响的基因进行解释。第二章以毛色为线索，为大家介绍几种户外常见的非纯种猫。第三章则是纯种猫特辑，每一种猫我们都非常熟悉。通过基因层面加深对猫咪的了解，一定能让我们与猫共处的时光变得更美好。

　　就让我们翻开这本书，一起深入了解对我们来说既熟悉又陌生的小猫咪吧！希望大家都能更好地与猫共处。

①　由于尚未在猫咪身上发现与性格有关的基因，"猫咪的性格与毛色有关"这一观点目前还未得到证实。虽然在其他动物身上发现了与毛色有关的性格基因，但这并不代表毛色与性格之间存在对应关系。

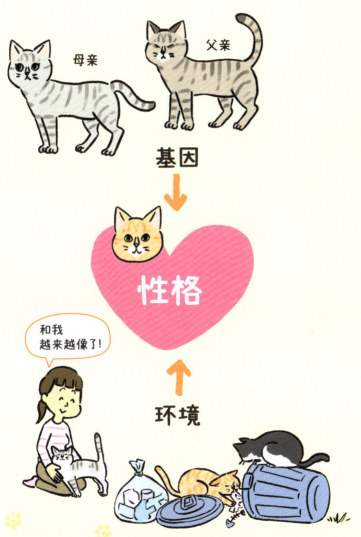

"环境"是由无数个变量构成的，包括主人的性格及性别、家里的构造和面积、家庭成员、是否有原住宠物、饮食情况等。

CONTENTS

目录

第一章

猫咪毛色与基因的基础知识

不同的猫咪为什么会拥有各种各样的花纹，
又为什么会长成现在的样子呢？让我们一起
了解一下毛色基因的基础知识，
来解开这背后的秘密吧！

‖‖‖‖‖‖‖‖‖‖‖‖‖‖

猫咪会长出什么样的毛色？
只有基因知道！

　　生活在我们身边的猫咪，据说其祖先是栖息于非洲和中东沙漠地带的利比亚山猫。在现代的猫咪中，我们所熟悉的狸花猫（第14页）忠实地继承了利比亚山猫的毛色及花纹。而"狸花猫"这个名字的由来，正是因为它们身上长着棕色的条形花纹。众所周知，如今猫咪的身上已经出现了太多种个性十足的花纹，可以说没有一只猫咪的毛色和纹路是重样的。此外，所有纯种猫又始终保持着各自品种的毛色特征。

　　毛色多变也好，不变也好，一切都是基因作用的结果。

　　作为生命的蓝图，基因决定着每种生物的样貌。基因由亲代传给子代，在这一过程中，父母双方的基因交织在一起，形成无数种组合。基因有时也会在一个生命的形成之初及其诞生之后发生改变。正是基因造就了猫咪千变万化的毛色。

基因是一段DNA序列

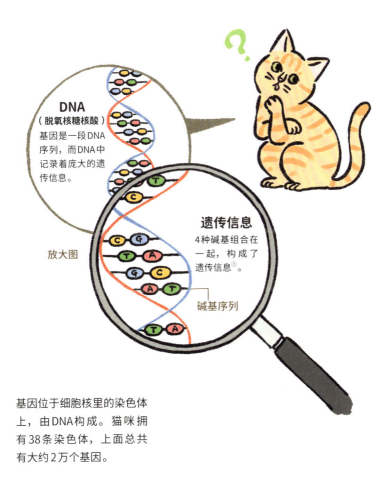

DNA
（脱氧核糖核酸）
基因是一段DNA序列，而DNA中记录着庞大的遗传信息。

放大图

遗传信息
4种碱基组合在一起，构成了遗传信息①。

碱基序列

基因位于细胞核里的染色体上，由DNA构成。猫咪拥有38条染色体，上面总共有大约2万个基因。

---

① 植物也好，动物也好，都是以DNA为遗传物质。而不同的碱基序列，也就是遗传信息，最终决定了物种及个体间的差异。

基因多样的组合方式
令毛色变化无常

　　动物拥有数量庞大的基因。这些基因是成对存在的，一半来自父亲，一半来自母亲。如果一只猫咪继承了某种毛色基因却没有长出这种毛色，说明这种基因是隐性的，只有当隐性的基因凑成一对时才能表达出性状。与此相对的是显性基因，只要一对基因中有一方是显性的，即可表达出性状。在过去，这两种基因也分别被称为"劣势基因"和"优势基因"。

　　在猫咪的基因中，与毛发有关的基因有很多种。除了控制毛色的基因外，还有控制毛发长短的基因、决定是直毛还是卷毛的基因等。这些基因可以有无数种组合方式，这也是为什么一只小猫的毛色和花纹可以与父母完全不同。

短毛的父母能生出长毛的孩子吗?

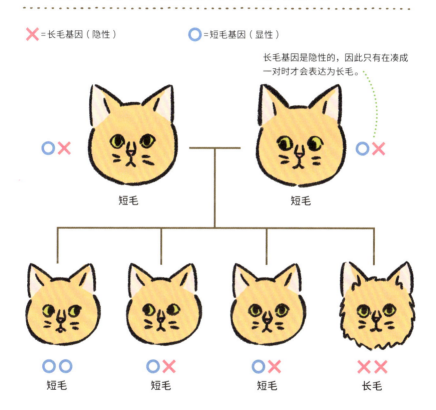

✗ =长毛基因(隐性)   ◯ =短毛基因(显性)

长毛基因是隐性的,因此只有在凑成一对时才会表达为长毛。

短毛   短毛

短毛   短毛   短毛   长毛

即使父母都是短毛猫,只要双方都携带了长毛基因,就有可能生出长毛的崽[①]。如上图所示,父母携带的隐性基因的性状,是有可能在其孩子身上显现出来的。

---

① 最新研究显示,长毛与短毛的遗传方式要比上图中所列举的更复杂,是4处基因共同作用的结果,因此即使同为短毛,基因也可能不相同。

||||||||||||||||

控制毛色的两种
黑色素

　　猫咪的毛色有很多种，而对所有品种的猫咪来说，毛发的颜色都是由黑色素的分布方式决定的。

　　黑色素，即控制毛发及皮肤颜色的色素。我们人类也有黑色素，其产生机制与猫咪几乎无异。黑色素由色素细胞产生，可分为黑色系与棕色系两种，黑色系的被称为"真黑素"（Eumelanin），棕色系的被称为"棕黑素"（Phaeomelanin）。黑色素被色素细胞制造出来以后，会被运送给负责制造皮肤和毛发的细胞。

　　不同品种的猫咪，黑色素的产生环境与分配方式均存在差异，这便是猫咪的毛色如此多变的原因。①

---

① 黑色素总量较高时，若真黑素比例大，则毛色偏黑；若棕黑素比例大，则毛色偏棕。黑色素总量较低时，则毛色偏亮。

黑色素有两种

产生哪种颜色，由一个类似开关的机制决定。

真黑素还是棕黑素，能产生哪种色素，由多种蛋白质在体内的工作方式决定。

为什么色素只有两种，毛色却如此多变？

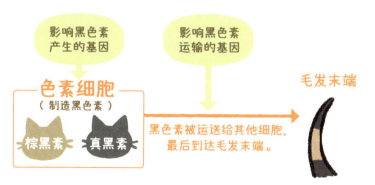

影响黑色素产生的基因

影响黑色素运输的基因

色素细胞
（制造黑色素）

棕黑素　真黑素

毛发末端

黑色素被运送给其他细胞，最后到达毛发末端。

黑色素从产生到运输，各个环节都会受到多种基因的影响。[1]

---

① 受基因影响，色素细胞可能只产生真黑素与棕黑素中的一种，而在运送过程中，黑色素也可能无法正常抵达毛发末端。

棕、黑、白三色是猫咪的基本色

　　猫咪的毛色会因黑色素的比例及含量的不同而产生深浅变化，但总的来说是由"棕""黑""白"三种颜色构成。

　　"黑""白"两种毛色均为单一颜色。"棕色"由于存在深浅变化，组合在一起可以形成黄狸花猫（橘猫）的花纹。另外，如果单根毛发上既有黑色又有棕色，且以条纹状分布出现，那么这种毛色被称为"鼠灰色"，也就是狸花猫的毛色（第14页）。

　　其次，如果将这些与生俱来的毛色混搭在一起，就出现了"斑块"和"双色"（白色+另一种毛色）等充满个性的花纹。

　　至于蓝色（灰色）和银色，是在毛色淡化基因（第10页）的作用下，由黑色毛发变异而来。

三种基本色

	单色			混色
单根毛发	黑色 （黑猫）	棕色 （橘猫）	白色 （白猫）	鼠灰色 （狸花猫）
全身				

全身黑色的是黑猫，棕色的是棕色系猫咪（包括黄狸花猫，即橘猫），白色的是白猫，鼠灰色的是狸花猫。如果棕色毛发有深浅变化，或是单根毛发上有黑、棕两种颜色，再叠加上能够形成斑纹的T基因（第11页）的话，猫咪就会长出一身斑纹。

不同的毛色搭配在一起形成花纹

花纹的样式是由基因决定的（第18页）。偏黑的鼠灰色搭配上偏棕的鼠灰色，就是狸花猫的花纹。

花纹是由一根根毛发的分布方式决定的。浑身上下某些部分是白毛，某些部分黑毛，就构成了斑块状的黑白花纹。

W基因
产生白色

W（White）基因（显性）可以抑制黑色素产生，即使携带了其他毛色基因，毛发也会变成白色。隐性基因为 w^s 和 w^+，其中 $w^s w^s$ 和 $w^s w^+$ 表达为身体的一部分呈白色，$w^+ w^+$ 则表达为身体不会出现白色①。

O基因
产生棕色

携带O（Orange）基因（显性）的猫咪不会产生真黑素，因此毛色呈现为棕色系。

A基因
产生条纹

携带A（Agouti）基因（显性）时，单根毛发上会出现黑棕相间的鼠灰色条纹。携带一对a基因（隐性）时，棕黑素不会产生，毛发呈现为黑色。

影响毛色的基因

研究显示，能够影响黑色素的产生、分配和运送的基因（毛色相关的基因）有很多种，每一种又都有显性和隐性之分（第4和第12页）。

以毛色与祖先（利比亚山猫）相同的狸花猫为例，如果一只猫咪携带了A基因的显性基因，真

---

① 一般用大写字母表示显性基因，用小写字母表示隐性基因。

B基因
产生黑色

B（Black）基因（显性）表达为黑色，b基因（隐性）表达为巧克力色、肉桂色、焦茶色等具有品种特色的毛色。

T基因
控制斑纹的样式

有斑纹的猫咪都携带了T（Tabby）基因。T基因可以表达为3种斑纹样式（第18页）。

C基因
让毛发有颜色

C（Color）基因（显性）表达为全身都有颜色（全色）。c基因（隐性）则只有身体末端和尾巴尖有颜色（重点色），如暹罗猫。

D基因
控制毛色的深浅

携带一对d（Dilute）基因（隐性）时，由于黑色素无法被正常运送给毛发，毛色会变浅。黑猫携带一对d基因后会变成蓝色（看上去是灰色的）。

I基因
让银色出现

携带I（Inhibitor）基因（显性）时，毛发上无法沉积棕黑素，导致原本为棕色的地方会变成银色。有斑纹的猫咪携带I基因（显性）时，斑纹就会变成"银纹"。

黑素与棕黑素交替产生后又被均等地运送到每根毛发上，那么它的毛色就是鼠灰色。不过，如果携带的是变异基因，导致某一种黑色素无法产生，或是黑色素无法被正常运送，结果便是毛色发生变化，不再与祖先一样。

猫咪毛色基因一览表

基因标记	等位基因		备注
	显性	隐性	
白色 **W**	**W** 毛色变白	**wˢ, w⁺** 部分毛色变白，或不让白色出现，同时让其他基因的颜色显现	• 比其他毛色更具遗传优势 • W-为全身白色，wˢwˢ或wˢw⁺为全身或部分白色，w⁺w⁺为不显现白色① • 携带wˢwˢ或wˢw⁺时，每个个体身上的白色范围均有不同
棕色 **O**	**O** 只携带O时，毛色变棕	**o** 变为鼠灰色或黑色	• 遗传优势弱于W，强于A、B、I • 抑制真黑素产生，使单根毛发变为棕色 • 位于X染色体上 • 雄性携带O为棕色，携带o为鼠灰色或黑色 • 雌性携带OO为棕色，Oo为双色，oo为鼠灰色或黑色 • 携带Oo的双色再加上wˢwˢ或wˢw⁺就是三花猫 • 变成狸花猫还是黑猫，由A基因决定 • 携带O时，即使拥有I基因的显性基因，也不会出现银色毛发
鼠灰色 **A**	**A** 让单根毛发具有黑棕相间的条纹色	**a** 不出现条纹色，变为黑色	• AA和Aa为鼠灰色，aa为黑色 • 携带一对O基因的显性基因时，鼠灰色与黑色均不会出现
黑色 **B**	**B** 产生黑色（真黑素）	**b, bˡ** 黑色变淡，变为巧克力色或肉桂色	• 隐性基因有两种：b和bˡ • 遗传优势为B>b>bˡ • 携带B-时可以正常产生黑色 • 携带bb或bˡbˡ时，毛发为巧克力色 • bˡbˡ为肉桂色（棕红色）
有颜色/重点色 **C**	**C** 毛色正常	**cᵇ, cˢ, cᵃ, c** 只有身体末端有颜色（如暹罗猫和缅甸猫的毛色），或彻底白化	• 隐性基因有4种：cᵇ, cˢ, cᵃ, c；cᵇ为缅甸猫，cˢ为暹罗猫，cᵃ为蓝瞳白化，c为赤瞳白化 • 缅甸猫毛色为四肢颜色较深，身体颜色偏亮；暹罗猫毛色与缅甸猫相比，身体颜色更明亮 • 遗传优势为C>cᵇ、cᵇcˢ>cˢ>c • cᵇ和cˢ由于是不完全显性，不具有遗传优势
淡化 **D**	**D** 毛色深浅正常	**d** 毛色变浅	• 携带DD、Dd时，毛色深浅正常 • 携带dd时毛色变浅 • 携带dd时，由于负责运送色素的蛋白质"黑素亲和素"（Melanophilin）无法正常工作，黑色素在毛发中分布不均，毛色看起来更淡
斑纹 **T** （阿比西尼亚型）	**Tiᴬ** 全身呈阿比西尼亚斑纹	**Ti⁺** 携带TiᴬTi⁺时，身体呈现阿比西尼亚斑纹，尾巴和脚上为条纹状斑纹；携带Ti⁺Ti⁺时，表达为条纹状或旋涡状斑纹	• T基因分两种类型，控制着猫咪全身的斑纹样式 • 一种是阿比西尼亚型②，一种是条纹及旋涡型 • 遗传优势为TiᴬTi⁺>Tᵐ>tᵇ • TiᴬTiᴬ为阿比西尼亚斑纹；TiᴬTi⁺为全身阿比西尼亚斑纹，尾巴和四肢上有少量竖条纹，腹部有浅条纹（Ti⁺为半显性的缘故） • 携带Ti⁺Ti⁺时，拥有TᵐTᵐ或Tᵐtᵇ表达为竖条纹（鲭鱼斑纹），拥有tᵇtᵇ表达为旋涡状斑纹（经典斑纹） • 据推测，在这两种类型的基因之外，至少还有一种基因控制着斑纹样式，能让猫咪身上出现斑点状的花纹
斑纹 **T** （条纹及旋涡型）	**Tᵐ** Tᵐ，便是竖条纹	**tᵇ** 携带一对tᵇ时，表达为旋涡状斑纹	
银色 **I**	**I** 阻碍棕黑素沉积，毛色变为银色	**i** 棕黑素正常沉积	• I基因能够限制运送给毛发的色素量，从而妨碍色素在毛发中沉积 • 携带黑毛基因（aa）时，由于原本就不产生棕黑素，I基因的作用被认为无效 • 由于遗传优势弱于O基因（显性），黄狸花猫不会受到I基因的影响 • ii可以正常产生棕黑素，因此对毛色并无影响

---

① 以W-为例，-代表另一半基因，既可为显性也可为隐性。
② 源自阿比西尼亚猫，是一种纯种猫（第126页）。

第二章
非纯种猫

在东亚地区，人们养得最多的是非纯种猫。
欢迎来到花纹和性格多种多样、让人目不暇接的
非纯种猫世界！

🐾 狸花猫

🐾 黄狸花猫（橘猫）

🐾 银狸花猫

🐾 黑猫

🐾 白猫

🐾 三花猫

🐾 玳瑁猫

狸花猫

极大程度地保留了祖先原始特征的猫咪，性格也有"生猛"的一面。

眼线
眼睛周围有一圈清晰的黑色眼线。但仔细看，每只猫咪的眼线都不太一样，比如有的猫咪下眼线更粗。

眼睛
受黑色素影响较大的猫咪，虹膜多为金色或黄色系，不过也有呈现绿色的猫咪。

鼻子
皮肤（包括鼻子）的颜色也是由黑色素决定的。狸花猫的肤色虽然有深有浅，但总体来说是以棕色为底色。黑色素含量较低时，鼻头可能带一点粉色。鼻子周围大都有一圈黑色或焦茶色的轮廓线。

嘴部

嘴边一圈容易长偏白色的毛。胡须也多为白色，不过也有黑白色混合的情况。

身体
黑棕色底色上长着黑色条纹。毛发呈黑棕色是因为黑色素含量较高。每只猫咪身上条纹的粗细和分布方式可以很不一样，也有毛色整体偏黑色或偏棕色的个体。

额头上的M形

额头上有一个像英文字母"M"的花纹，这在有斑纹的猫咪身上很常见。

眼尾线

从外眼角向两颊延伸出的黑色条纹，也是有斑纹猫咪的一大特征，这也是让人感觉其眼神犀利的原因之一。

毛色基因		
单根毛发		鼠灰色
和毛色有关的基因	w⁺w⁺	对毛色没有影响
	oo(o)	不会长出棕色系的毛
	A-	表达为鼠灰色
	B-	正常产生黑色
	C-	全身带有颜色
	D-	浓重的毛色
	Tⁱ⁻Tⁱ⁻或Tᵐ⁻	有斑纹
	ii	对毛色没有影响

*1. 表中为和狸花猫毛色有关的所有基因类型（W、O、A、B、C、D、T、I）。

*2. 随着研究成果的不断更新，上述结论也可能发生变化。

尾巴

尾巴有条纹，末端颜色较深，这是有斑纹的猫咪的共同特征。如果是短尾且能卷成问号，尾巴末端（或整条尾巴）一般为黑色或黑棕色。

肉垫

多为黑色或黑棕色，这里的颜色也和黑色素有关，肉垫和鼻子的颜色往往是同一色系的。

活跃性 （活泼程度）	★★★★★
亲近与疏离 （喜欢主人的程度）	★★★★☆
攻击性 （干架气场）	★★★★☆
社交性（猫咪之间）	★★★☆☆
（对陌生人）	★☆☆☆☆

*评分是综合了CAMP-NYAN项目的调查结果与其他资料后给出的。

常见的花纹

狸花猫在日本因其毛色与野生雉鸡（雌性）的颜色相仿而得名"雉虎"。由于狸花猫身上拥有像鲭鱼纹一样的斑纹，在欧美地区，人们也叫它们"棕黑鲭鱼斑纹猫"（Brown/Black Mackerel Tabby Cat）。由于这种斑纹不存在于纯种猫之中，几乎可以百分之百认为狸花猫是一种非纯种猫。有研究表明，在东亚地区，狸花猫数量庞大，是我们身边最常见的猫咪。如果把毛色中掺杂了白色的"狸花白猫"和"狸花斑猫"（第23页）也算进来的话，狸花猫家族的数量应该更加庞大。

无限接近家猫的祖先

以黑棕色斑纹为特征的狸花猫看起来野性十足。这并非没有道理，因为它们的毛色和被认为是家猫[①]祖先的利比亚山猫极其相似。

研究者认为，狸花猫的毛色基因保留了家猫在经历各种基因变异以前的样子，因此被称为"野生型"。这种毛色不仅能让它们与祖先生活过的沙漠地带融为一体，在城市街景里出没时也能起到"大隐于市"的效果。这种毛色主要是由A（鼠灰色）基因和T（斑纹）基因决定的。

A基因是鼠灰色基因，其显性基因能让单根毛发具有黑棕相间的条纹色（鼠灰色，第9页）。

[①] 家猫区别于野猫，即使是野生状态下的家猫也不属于野猫，应称为"野化家猫"。野猫指自古至今一直生活在野外、分布于亚非欧三大洲的一类猫科动物，而非指那些从家里跑出去再野化的家猫。（译注）

狸花猫身上的花纹和利比亚山猫一样

利比亚山猫
与环境融为一体的毛色
让利比亚山猫很难被敌
人和猎物发现。

狸花猫
狸花猫的毛色继承
于家猫的祖先。

人类开始种植谷物
以后，利比亚山猫
为了捕捉以谷物为
食的老鼠来到了人
类身边，并最终和
人类生活在一起。

控制狸花猫身上花纹的基因：A基因和T基因

A基因

T基因

控制猫咪身上斑
纹的样式。

让单根毛发
具有条纹色。

A基因可以让单根毛发上同时出
现黑色和棕色。T基因则能改变
鼠灰色毛发上黑色与棕色的比例
（长度），从而形成"斑纹"。

T基因控制着猫咪身上的花纹样式，可分为"条纹及旋涡型"和"阿比西尼亚型"两种类型。由于两者能够相互影响，说明时通常将它们放在一起并统称为"T基因"。不论是狸花猫的条形斑纹、美国短毛猫（第66页）的旋涡状斑纹，还是阿比西尼亚猫（第126页）的细纹斑，都是这两种类型的T基因相互组合的结果。

性格 和祖先一样生猛？

继承了利比亚山猫毛色与花纹的狸花猫，性格是否也和祖先一样生猛呢？

CAMP-NYAN项目的调查[1]显示，狸花猫所有性格要素的数值都趋于普通，并未展现出极端的野性倾向。不过也有研究显示，狸花猫身上的花纹（鼠灰色斑纹）是攻击性强的标志，说明它们的活跃性和攻击性普遍较高。有人反映狸花猫"脾气凶，不亲人"，大概就和A基因和T基因有关。

不过，很多狸花猫在被人类饲养后都会突然变得很会撒娇。或许正因如此，不少人在养过狸花猫以后都表示下一只还会养狸花猫。

---

[1] 对猫咪主人进行了详细的问卷调查。调查对象的猫咪类型包括狸花猫、狸花白猫、黄狸花猫、黄狸花白猫、银狸花猫、白猫、黑猫、黑白花猫、三花猫。根据调查结果，对猫咪的活跃性和社交性等6种性格要素进行了量化分析。由于是初步研究的成果，本书中引用的数据并未经过严格的科学检验。

T基因的4种组合

	T基因的组合		花纹
	条纹及旋涡型	阿比西尼亚型	
①	T^m-	Ti^+Ti^+	鲭鱼斑纹（Mackerel Tabby）
②	t^bt^b	Ti^+Ti^+	经典斑纹（Blotched Tabby）
③	T^m- 或 t^bt^b	Ti^ATi^A	阿比西尼亚斑纹（细纹斑，第130页）
④	T^m- 或 t^bt^b	Ti^ATi^+	身体呈现阿比西尼亚斑纹， 尾巴和脚上有少量条纹

条纹及旋涡型分为T^m（显性）和t^b（隐性）两种，阿比西尼亚型也分为Ti^A（显性）和Ti^+（隐性）两种。这4种组合决定了猫咪身上的花纹样式，其中阿比西尼亚型的遗传优势更强，优势顺序为③④①②。

出门是老虎，在家是豆腐

在"铲屎官"
面前是小可爱

成为一家人后会突然变得很黏人。

怕见陌生人

有的猫咪一听到门铃声就会躲起来。

因为戒备心强，从不轻易接近外人，但是跟"铲屎官"过于亲近有时也让人多少有些招架不住。

健康 吃嘛嘛香，身体倍儿棒

狸花猫活泼好动，在家饲养时需要根据它们的运动能力对房间布局做出调整。通常来说，猫咪对空间高度的要求要大于面积，因此可以在家里摆一个猫爬架让它们爬上爬下。另外，鉴于它们是天生的猎手，可以准备一些球类玩具和逗猫棒给它们玩耍。

狸花猫大多是贪吃鬼，有的体形（特别是雄性）可以长得很大，不过考虑到它们顽皮好动的性格，只要运动量足够，应该是可以避免过度肥胖的。狸花猫身体结实不爱生病，长寿的个体非常多，只要在环境上多用心，它们一定能陪伴主人长长久久。

狸花猫很有野性，这也意味着它们的领地意识很强。特别是有猫咪的人打算再养一只的时候，一定要小心注意，让原住猫和新猫咪见面这件事是急不得的，需要慢慢来。但等到猫咪们的关系融洽以后，主人想要插一脚搞不好都没有空间呢。

狸花猫和人的关系也是一样，刚从收容所把它们接回家的时候，可能它们不愿和主人亲近。但只要耐心相处，总有一天它们将会对你敞开心扉，变成一只黏人的小家猫。

野性十足又可爱黏人，对爱猫的人来说，狸花猫有着难以抗拒的魅力。

狸花猫喜欢的环境

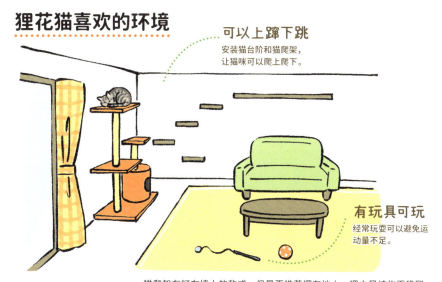

可以上蹿下跳
安装猫台阶和猫爬架，
让猫咪可以爬上爬下。

有玩具可玩
经常玩耍可以避免运
动量不足。

猫爬架有钉在墙上的款式，但是更推荐摆在地上，理由是结构更稳固，
猫咪使劲折腾也不会摇晃，很有安全感。

原住狸花猫接触新猫要注意什么

**第一次见面
很重要**
让原住狸花猫和新猫咪
见面时一定要隔着笼
子，不能操之过急。

距离感 笼子要放在远离原住狸花猫生活空间
的地方，然后等它自己慢慢靠近。

在猫咪们隔着笼子见面之前，先让新猫咪在别的房间生活几天，见面时
也要用布把笼子罩起来，一步一步来。

狸花猫家族

毛色中混合了白色的狸花白猫和狸花斑猫是猫界的宠儿。不同比例的白色让每只猫咪身上的花纹都不一样。这些充满个性的花纹是由基因和细胞分裂时的细微差异造成的。

狸花猫

家族
狸花×白色

狸花×白色

在白色底色中加入狸花的斑纹，和狸花猫一样顽皮活泼。虽然目前还不清楚白色与它们性格之间的神奇关系，但狸花白猫似乎比普通狸花猫更爱撒娇。

有的长着一双蓝眼睛。

有颜色的部分主要分布在脸上、后背和尾巴上，好像酱汁淋在身上一样。

毛色基因		
单根毛发	鼠灰色、白色	
	w^sw^s、w^sw^+	混合了白色
	oo(o)	不会长出棕色系的毛
和毛色有关的基因	A-	表达为鼠灰色
	B-	正常产生黑色
	C-	全身带有颜色
	D-	浓重的毛色
	Ti^tTi^t 或 T^m-	有斑纹
	ii	对毛色没有影响

狸花×白色 ⑪
狸花白猫

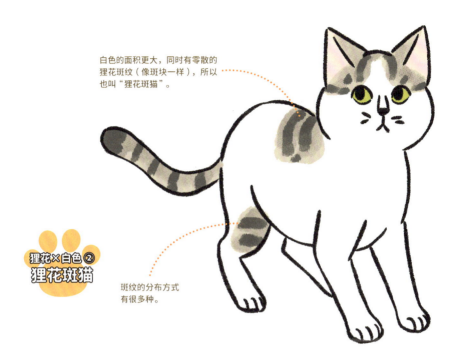

白色的面积更大，同时有零散的
狸花斑纹（像斑块一样），所以
也叫"狸花斑猫"。

狸花×白色②
狸花斑猫

斑纹的分布方式
有很多种。

身上零星有一些不
同于底色的毛色随
机分布。

最新研究显示，狸花猫家族身上
的白色源于能让猫咪通体长出白
毛的W基因（第50页）。

深浅不一的
橘棕色拼凑出条纹

黄狸花猫（橘猫）

黄狸花猫也叫橘猫，很亲人，特别招人喜欢，也许是因为约80%的橘猫都是雄性，它们的性格像男孩子一样"顽皮"又"爱撒娇"。

眼尾线
从外眼角向两颊伸出的棕色条纹，非常清晰。

眼睛
虹膜为金色或铜色。

鼻子
由于不含黑色素，鼻头一般为浅棕色（橘色）或粉色，偶尔会带一些黑色斑点。

嘴部
嘴周围的毛色通常偏白。胡须因为不含黑色素，也是白色的。

额头上的M形

额头上有清晰的"M"形花纹，这是黄狸花猫的一大特征。

脸蛋

又圆又大的脸庞是橘猫的标志，显得很富态。

毛色基因		
单根毛发	棕色	
和毛色有关的基因	w⁺w⁺	对毛色没有影响
	OO(O)	会长出棕色系的毛
	A基因	无论哪种组合，表达都会被抑制
	B基因	无论哪种组合，表达都会被抑制
	C-	全身带有颜色
	D-	浓重的毛色
	Ti⁺Ti⁺ 或 T^m-	有斑纹
	I基因	无论哪种组合，表达都会被抑制

尾巴

越靠近尾巴尖的地方色素越少，毛色越白。

身体

每根毛发上只有一种棕色系的颜色，身上的花纹是由深浅不一的毛色拼凑出来的。由于大部分橘猫是雄性，骨骼相对粗壮，个头大的不在少数。

肉垫

由于受基因影响不产生黑色素，肉垫一般是粉色的。

活跃性（活泼程度）		★★★☆☆
亲近与疏离（喜欢主人的程度）		★★★★★
攻击性（干架气场）		★★★☆☆
社交性	（猫咪之间）	★★★★★
	（对陌生人）	★★★★★

历史

江户时代以后才到达日本

日本绘画中最早出现橘猫是在江户时代（1603—1868年），因此有人推测它们是在近代才到达日本的。

橘猫身上长着棕色（橘色）的条纹，在欧美，橘猫被称为红鲭斑猫（Red Mackerel Tabby Cat），不过因为毛色的缘故，也有人叫它们柑橘酱猫（Marmalade Cat）或姜黄猫（Ginger Cat）。

毛发

棕色为伴性遗传

能够产生棕色和橘色的O基因（第10页）是"变异型"。当狸花猫携带显性基因O时，将不会产生能使毛发变黑的黑色素[1]，因此每根毛发都是棕色系的，这便是黄狸花猫的由来。

黄狸花猫的另一个特征，是雄性的数量明显多过雌性，而这同样是基因作用的结果。若想让狸花猫变成黄狸花猫，狸花猫就必须携带O基因的显性基因O，且不能携带隐性基因o；由于O基因只存在于性染色体X上面[2]，相比只有一条X染色体的雄性（XY），有两条X染色体的雌性（XX）更容易变成其他毛色（两条X染色体上只要出现一个隐性基因o，就不会变成黄狸花猫）。我们之所以认为橘猫个头大又贪吃，应该就是雄性太多的缘故。

---

[1] 即使携带了A（鼠灰色）基因的显性基因，在O基因的抑制下也不会产生真黑素（O基因的遗传优势强于A基因）。

[2] 由性染色体上的基因控制遗传性状的方式被称为"伴性遗传"。

由狸花猫突然变异而来

狸花猫
拥有黑色和棕色两种黑色素。

黄狸花猫
没有真黑素，只有棕黑素。

狸花猫携带的O基因是隐性的（oo或o），所以毛色表达为鼠灰色，单根毛发上拥有黑棕相间的条纹色。另一方面，黄狸花猫携带的O基因是经过变异的（OO或O），会抑制黑色素的产生，因此毛色变成了棕色。

为什么雄性的数量更多

雌性

性染色体XX

X^OX^O
↓
黄狸花猫
（棕色）

X^OX^o
↓
玳瑁猫
（棕色+黑色）或
（棕色+鼠灰色）

X^oX^o
↓
狸花猫或黑猫
（鼠灰色）或（黑色）

3种组合方式

雄性

性染色体XY

X^OY
↓
黄狸花猫
（棕色）

X^oY
↓
狸花猫或黑猫
（鼠灰色）或（黑色）

2种组合方式

雄性因为O基因的组合方式较少，更容易变成黄狸花猫。据统计，黄狸花猫中约80%都是雄性。

性格与健康
爱撒娇又顽皮，
总之像个男孩子！

橘猫的主人们在说到自家的"孩子"时，言语上总是出奇地一致："爱撒娇""贪吃鬼""小懒虫"，不过偶尔也会是"调皮蛋"。总而言之，橘猫像个顽皮的男孩子。虽然性格上存在个体差异，但总的来说，它们很亲人，也很会撒娇。

有研究表明，拥有橘色毛发的猫咪会表现出明显的攻击性。不过也有研究显示，橘猫的性格是非常友善的。在CAMP-NYAN项目的调查中，橘猫表现出了鲜明的性格倾向，它们的攻击性和亲人度在所有毛色中是最高的，活跃性和社交性也非常高，排在第二位。

回想一下你家附近的"猫咪势力图"，猫老大是橘猫的情况是不是很多呢？橘猫大概就是这样一种强大又有威望的猫咪吧！

对食欲旺盛的橘猫来说，最大的健康隐患恐怕就是肥胖了。最佳的解决方式就是适量投喂优质猫粮，然后多让它们在玩耍中消耗卡路里。

另外，爱撒娇的"孩子"往往都怕寂寞，为了不让它们积攒太多情绪，主人离开家的时间最好不要太长。家里如果能常有人在就再好不过了。另外，橘猫跟小朋友和其他猫咪都能友好相处，非常适合大家庭饲养。

对外有霸气，对内讲义气

猫老大一般的性格

橘猫很容易冲动，但也非常仁厚。

领地意识

在猫的世界中，雄性通常比雌性拥有更广阔的领地，地盘意识也更强。

猫咪的社群基本上都是由雌性和小猫构成的，不过在进入繁殖期后，雄性会为了交配游走在各个社群之间。通常来说，体形越大越强壮的雄性猫，拥有的领地也越大。

小心肥胖

体质

因为容易发胖，需要吃优质的猫粮，多做运动。

腰部

判断是否肥胖的方法很简单，那就是从上方看。如果已经看不见腰身，就要小心了。

也可以摸摸它们的胸脯，如果皮下脂肪太厚而摸不到肋骨，很有可能已经趋于肥胖了。

黄狸花猫家族

黄狸花猫家族和别的非纯种猫一样，也会
因为身上白色比例的不同而有不同的叫
法。总的来说，黄狸花猫家族的成员都
具有顽皮又爱撒娇的性格。

黄狸花猫

家族
- 黄狸花×白色
- 奶油色

黄狸花×白色

身上有黄狸花和白色的叫"黄狸花白猫"，也有
叫"白橘猫"的，花纹呈斑块状分布的叫"黄狸
花斑猫"。总之，无论哪种毛色都很常见。

毛色基因		
单根毛发	棕色、白色	
和毛色有关的基因	w^{s}w^s、w^{s}w	混合了白色
	OO(O)	会长出棕色系的毛
	A基因	无论哪种组合，表达都会被抑制
	B基因	无论哪种组合，表达都会被抑制
	C-	全身带有颜色
	D-	浓重的毛色
	Ti$^+$Ti$^+$或T^m-	有斑纹
	I基因	无论哪种组合，表达都会被抑制

黄狸花×白色①
黄狸花白猫

性格等各个方面都向
黄狸花猫看齐。

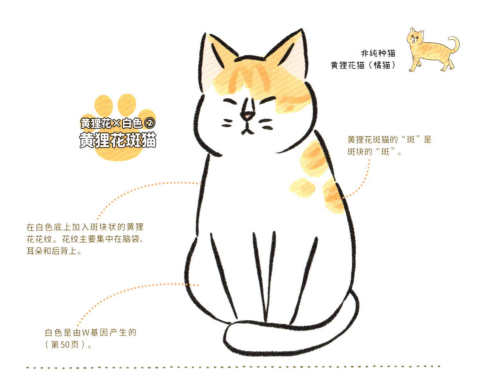

非纯种猫
黄狸花猫（橘猫）

黄狸花×白色 ②
黄狸花斑猫

黄狸花斑猫的"斑"是斑块的"斑"。

在白色底上加入斑块状的黄狸花花纹。花纹主要集中在脑袋、耳朵和后背上。

白色是由W基因产生的（第50页）。

奶油色

无论是黄狸花猫、黄狸花白猫还是黄狸花斑猫，黄狸花家族中的任何成员，只要黄狸花花纹的颜色淡化了，就会呈现出"奶油色"。

当一对D（淡化）基因的隐性基因凑在一起时，橘棕色的毛发就会变成蛋奶布丁一般的奶黄色。

毛色基因		
单根毛发	淡棕色、白色	
和毛色有关的基因	$w^b w^b$、$w^b w^l$	混合了白色
	OO(O)	会长出棕色系的毛
	A基因	无论哪种组合，表达都会被抑制
	B基因	无论哪种组合，表达都会被抑制
	C-	全身带有颜色
	dd	颜色偏浅（偏明亮）
	$Ti^a Ti^a$或T^m-	有斑纹
	I基因	无论哪种组合，表达都会被抑制

银狸花猫

银狸花猫是第二次世界大战后，本土猫咪和西洋猫咪杂交后诞生的品种，数量稀少，难得一见。据说其性格也属于"窝里萌，外头横"的一类。

眼尾线 和额头上的"M"形一样，条纹很浅，不容易看到。

眼睛 拥有金色和绿色的虹膜。

鼻子 棕色或焦茶色。

肉垫 焦茶色或黑色，和毛色一样，受黑色素影响。

额头上的M形
狸花猫的额头上都有"M"形标志，但银狸花猫的"M"形似乎很淡，只能勉强看到。

尾巴
只有尾巴尖是黑的。

毛色基因		
单根毛发	带条纹的银色	
和毛色有关的基因	w⁺w⁺	对毛色没有影响
	oo(o⁺)	不会长出棕色系的毛
	A-	表达为鼠灰色，但是受I基因影响，不会沉积棕黑素
	B-	正常产生黑色
	C-	全身带有颜色
	D-	浓重的毛色
	Tⁱ⁺Tⁱ⁺或Tᵐ⁺-	有斑纹
	I-	让毛发变成银色

身体
银色底上带有黑色条纹。

活跃性 （活泼程度）	★★★★★
亲近与疏离 （喜欢主人的程度）	★★★★★
攻击性 （干架气场）	★★☆☆☆

社交性	（猫咪之间）★★★☆☆
	（对陌生人）★☆☆☆☆

历史

第二次世界大战后
出现的新型非纯种猫

漂亮的银色底上带有黑色条纹，这是银狸花猫的一大特征。

银狸花猫虽然很受欢迎，但数量不多。据说银狸花猫是在第二次世界大战之后才在东亚地区现身的，因此人们推测银狸花猫是狸花猫等带有条纹的猫咪和西洋猫咪杂交后诞生的品种。

说起来，银狸花猫确实和美国短毛猫（第66页）长得颇为相似……①

西洋猫和非纯种猫的混血儿？

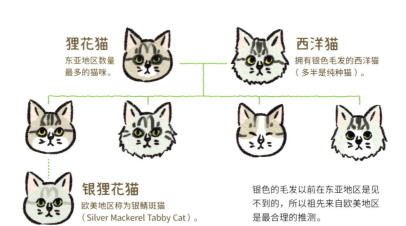

狸花猫
东亚地区数量最多的猫咪。

西洋猫
拥有银色毛发的西洋猫（多半是纯种猫）。

银狸花猫
欧美地区称为银鲭斑猫（Silver Mackerel Tabby Cat）。

银色的毛发以前在东亚地区是见不到的，所以祖先来自欧美地区是最合理的推测。

---

① 银狸花猫和美国短毛猫（以下简称"美短"）最明显的区别在于"斑纹"。美短是旋涡状的斑纹，银狸花猫则是条纹状的斑纹。

毛色 遗传优势弱于其他毛色基因

　　银狸花猫数量稀少还有一个十分突出的原因，那就是相比其他毛色基因，能让毛发淡化变成银色的I基因是没有遗传优势的。

　　以O基因为例，其遗传优势就要强于I基因。假设一只猫咪携带了能成为银狸花猫的显性I基因，但如果它同时携带了显性O基因，那么由于O基因会被优先表达，这只猫咪最终将是一只黄狸花猫。换句话说，能见到银狸花猫是一件非常不容易的事。

银色很难显现

高

优先度

低

O基因

I基因

**黄狸花猫
或玳瑁猫**

当雄性携带O，雌性携带O-时，I基因的作用会被抑制。

银狸花猫

雄性需要携带o和I-，雌性需要携带oo和I-。

猫咪携带O基因的显性基因时，I基因的性状不会体现在毛色上。只有在隐性o基因发挥作用时，显性I基因才会被表达，由于阻碍了棕黑素沉积，毛色会变成银色。

性格与健康 **"反差萌"是进化的结果？！**

　　有时戒备心很重，有时却非常亲人，这种性格上的极大反差正是银狸花猫的魅力所在。银狸花猫之所以警惕又敏感，原因在于银色的毛发在自然环境中非常显眼。不过有一种观点认为，它们亲人也是出于同样的原因——为了更好地让人类保护自己，于是进化出开朗、亲和的性格。

　　总的来说，由于性格中残留着野性，银狸花猫往往需要一些时间才能和人亲近，不过在大多数情况下，它们一旦和你混熟了就会变得随性又爱撒娇。

　　残存着野性，也意味着银狸花猫非常活泼。尽管它们数量稀少，目前能收集到的数据有限，但CAMP-NYAN项目的调查还是在一定程度上体现出它们的性格特征：相比其他毛色的猫咪，银狸花猫更爱玩耍，对外界刺激并不过度敏感，但黏人程度是所有猫咪中最低的。可以在家里摆个猫爬架，让它们独自爬上爬下地玩耍。

　　另外，很多养过银狸花猫的人都表示它们非常能吃，因此，为了它们的健康着想，日常的饮食管理马虎不得。

　　社交方面，所有银狸花猫或多或少都"怕见生人"。在熟人和生人面前"判若两猫"，这种性格让它们更适合那种少有客人来访、只需要悠闲陪伴家人的家庭。

由于没有保护色，需要时刻保持警惕

没有保护色
银色的毛发在自然
界中非常显眼。

也有人认为，银狸花猫亲人是因为继承了西洋猫祖先善于和人相处的特质。

适合银狸花猫生活的室内环境

喜欢独处 与猫咪的亲密接触要
适度。

饮食管理
能吃的崽比较多，
投喂要适度。

可以在家里准备一个带顶的宠物小屋或硬纸箱，让猫咪随时有地方可藏。

银狸花猫家族

浑身上下都是银狸花斑纹的猫咪十分罕见，几乎多少都会带点白色。如果有幸见到银狸花猫，心里会不会很开心呢？

银狸花猫

家族
· 银狸花×白色
· 灰银狸花

银狸花×白色

绝大多数银狸花猫身上都有白色，其中，白色部分和银狸花斑纹界限分明的，就被称为"银狸花白猫"。

毛色基因		
单根毛发	带条纹的银色、白色	
和毛色有关的基因	w^{s}w^s、w^{s}w$^+$	混合了白色
	oo(o)	不会长出棕色系的毛
	A-	表达为鼠灰色，但是受I基因影响，不会沉积棕黑素
	B-	正常产生黑色
	C-	全身带有颜色
	D-	浓重的毛色
	Ti$^+$Ti$^+$或T^m-	有斑纹
	I-	让毛发变成银色

银狸花×白色 ①
银狸花白猫

和其他非纯种猫一样，每只银狸花白猫身上的白色部分都是独一无二的。银狸花斑纹主要集中在头上和背上，看上去好像淋了一身酱汁。

有种说法认为，白色占比较大的银狸花白猫攻击性更强，不过总的来说，其性格是向银狸花猫看齐的。

非纯种猫
银狸花猫

銀狸花×白色 ②
银狸花斑猫

全身覆盖的白色毛发上散落着银狸花斑纹,这种毛色的小家伙被称为"银狸花斑猫"。

灰银狸花

在隐性D(淡化)基因的作用下,身上的花纹仿佛是用灰色淡彩颜料画上去的一样。

毛色基因	
单根毛发	带条纹的银色
和毛色有关的基因	w^+w^+　　　　　对毛色没有影响
	oo(o)　　　　　　不会长出棕色系的毛
	A-　　　　　　　表达为鼠灰色,但是受I基因影响,不会沉积棕黑素
	B-　　　　　　　正常产生黑色
	C-　　　　　　　全身带有颜色
	dd　　　　　　　颜色偏浅(偏明亮)
	Ti^+Ti^+或T^m-　有斑纹
	I-　　　　　　　让毛发变成银色

灰银狸花非常罕见。

黑猫

古今中外，关于黑猫的传闻不计其数。
这种神秘的"小家伙"，在现实中不但
聪明伶俐，而且超级爱撒娇。

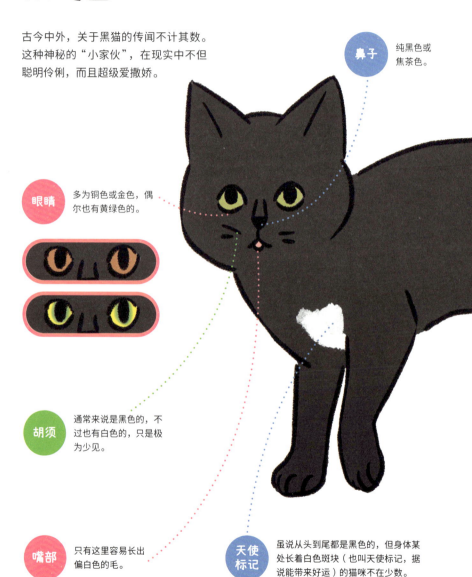

鼻子 纯黑色或焦茶色。

眼睛 多为铜色或金色，偶尔也有黄绿色的。

胡须 通常来说是黑色的，不过也有白色的，只是极为少见。

嘴部 只有这里容易长出偏白色的毛。

天使标记 虽说从头到尾都是黑色的，但身体某处长着白色斑块（也叫天使标记，据说能带来好运）的猫咪不在少数。

身体

黑色毛发带有一种特殊的光泽。部分黑猫小的时候身上有"幽灵斑纹"（浅浅的斑纹）。

尾巴

非纯种猫的尾巴长短不一，有的又长又直，有的短得像个蘑菇头，有的尾巴尖且能弯曲。

长尾巴

短尾巴

问号尾巴

毛色基因		
单根毛发	黑色	
和毛色有关的基因	w⁺w⁺	对毛色没有影响
	oo(o)	不会长出棕色系的毛
	aa	表达为黑色毛发
	B-	正常产生黑色
	C-	全身带有颜色
	D-	浓重的毛色
	T基因	无论哪种组合，都不会出现斑纹
	ii	对毛发没有影响

活跃性（活泼程度）	★★★☆☆
亲近与疏离（喜欢主人的程度）	★★★★★
攻击性（干架气场）	★★☆☆☆
社交性 （猫咪之间）	★★★☆☆
（对陌生人）	★★★☆☆

肉垫

受黑色素影响较大，以黑色或赤褐色为主。

历史 能为你带来好运的"玄猫"

没有哪种猫咪像黑猫一样频繁地出现在迷信和传闻之中。过去在欧洲，黑猫曾因被视为魔女的手下而遭到人们的疏远。而在东亚地区，黑猫曾被认为是不祥的象征，因此黑猫往往成为人们避讳的对象。不过，也并非所有人都这样想，有些地区的人们反而对黑猫宠爱有加，并将它们视为幸运的使者。例如在日本近代文学的代表作小说《我是猫》中，身为叙述者的"猫"就是夏目漱石以误入他家的一只小黑猫为原型创作的，在作者眼里，那无疑是一只为他带来灵感的福猫。关于黑猫是凶是吉这个问题，历史上可谓众说纷纭。如今，因为越来越多的人相信黑猫能够呼唤好运，所以黑猫备受宠爱。

广泛出现在传闻与文学作品中

西洋的黑猫
也有人认为黑猫就是魔女的化身。

在文学界里
夏目漱石就曾养过黑猫，而且据说这只黑猫同样没有名字。

就连日本平安时代（794—1192年）的宇多天皇也曾是黑猫的"粉丝"，其对黑猫的喜爱在《宽平御记》中有详细记载。

毛发 隐性A基因（变异型）创造出的单一黑色

　　黑猫一身玄黑的毛色非常漂亮，在欧美地区也被称为"纯黑猫"，不论其毛发长短都有着令人折服的魅力。

　　这种黑色当然也是基因作用的结果。我们知道，A基因能够控制真黑素与棕黑素这两种黑色素的产生，而黑猫携带的A基因是变异型。相对于A（显性）能使单根毛发具有黑棕相间的鼠灰色，一对变异型a（隐性）凑在一起可以使毛色变成单一的黑色（由于a是隐性基因，当它与A凑成一对时，纯黑的毛色就不会显现出来）。

鼠灰色基因发生了变异

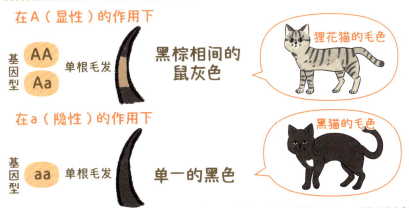

在A（显性）的作用下

基因型 AA Aa 单根毛发 → 黑棕相间的鼠灰色 → 狸花猫的毛色

在a（隐性）的作用下

基因型 aa 单根毛发 → 单一的黑色 → 黑猫的毛色

具有条纹毛色的父母是有可能生出黑猫的，这种情况下，父母双方的基因型都应是Aa。幼猫从父亲和母亲身上各继承一个a，凑成一对，就是纯色的黑猫（aa）了。

神秘的黑猫？是亲人的黑猫！

给人留下神秘与冷酷印象的黑猫，真实性格却与外表截然相反，不但亲人而且特别会撒娇。有的人养了黑猫以后甚至表示，自己养的更像是一只小狗。

CAMP-NYAN项目的调查显示，黑猫的社交性在所有非纯种猫中是最高的。虽然它们也有很强的攻击性，但是对外界的刺激并不敏感，和任何人都能迅速搞好关系。大部分黑猫甚至跟陌生人和其他猫咪都能相处得不错，所以非常适合跟其他猫咪一起饲养。

不管怎么说，黑猫"懂得察言观色""八面玲珑"都是它们的强项。这种与猫咪的"人设"不相符的聪明才智，也是它们备受人们喜爱的原因之一。

习性方面，黑猫好奇心旺盛，爱玩耍，可在家里多准备一些玩具还有猫爬架，尽可能让它们玩得尽兴。

因为毛色的缘故，黑猫容易和昏暗的环境融为一体，如果在家里找不到它们，可能是跑到家具后面等昏暗的地方去了。事实上，黑猫的毛色在本质上更接近于灰色，当它们趴在主人的黑衣服上时，反而会变得显眼。有时间多给它们梳梳毛，如果发现黑毛里掺杂着白毛，说明它们已经开始变老了，是时候按照老年猫的标准对饮食和家里的环境做出调整。

对人也好，对其他猫咪也好，都能很快适应

社交小能手
擅长跟人和其他猫咪打成一片。

虽然黑猫中也有比较敏感的，但时间久了和谁都能拉近距离。

家里的娱乐项目越多越好

猫爬架
猫爬架有两种，摆在地上的和钉在墙上的。

一起玩玩具
逗猫棒、球、玩具老鼠，黑猫喜欢这些能和人一起玩的且有互动性的玩具。

黑猫非常爱玩，有的黑猫甚至能像狗狗一样把主人扔出去的球叼回来。

黑猫家族

虽然只有黑白两色，但能组合出个性鲜明的视觉效果，这就是"黑白双拼色"的魅力。据说黑白两色的配比会极大影响猫咪的性格，由此产生丰富的个性让爱猫人士惊喜不断。

黑猫

家族
黑色×白色

- -

黑色×白色

黑色较多的一般叫"黑白花猫"，白色较多的叫"奶牛猫"。"黑白双拼"的猫咪有很多名字，主要看白色在哪个部位出现。

毛色基因	
单根毛发	黑色、白色
和毛色有关的基因	w^sw^s、w^sw^+ 混合了白色
	oo(o) 不会长出棕色系的毛
	aa 表达为黑色毛发
	B- 正常产生黑色
	C- 全身带有颜色
	D- 浓重的毛色
	T基因 无论哪种组合，都不会出现斑纹
	ii 对毛发没有影响

只有四只脚是白色的，俗称"白手套"。

只有嘴边一圈是白色的，好像戴了白口罩一样。

黑色×白色①
黑白花猫

白色大都出现在四肢上。也有只在嘴边、大腿或胸前露出白色的猫咪。

非纯种猫
黑猫

因为掺入了白色，鼻头
可能会变成粉色。

额头上有个"八"字形
的"八字脸"，属于
爱猫人士的心头好。

有的猫咪只有尾巴尖是白色的，
像小手电筒一样，也叫"萤火虫
尾巴"（第151页）。

黑色×白色②
奶牛猫

白色部分较多的一般
叫"奶牛猫"。

斑块花纹在欧美
称为"斑点"。

黑色×白色③
斑点猫

有白底色黑斑块的
猫咪，当然也和黑
猫是一家。

白猫

几乎不含色素的单一白色

凭借优雅气质和纯白身姿俘获了众多"铲屎官"芳心的美猫。虽然它们的"占有欲"强，但这也是它们的魅力所在。

眼睛 因为只含很少的黑色素，蓝眼睛的惠特别多。如果是异瞳，通常一只眼睛为蓝色，另一只眼睛为黄色、棕色或绿色。

鼻子 一般为淡粉色，心情激动时会变得有点红。

肉垫

和鼻子一样，因为几乎不含黑色素，所以是淡粉色的。

小猫头顶条纹

猫咪小时候头顶上可能会有一些浅灰色条纹，这些条纹通常在1岁左右就会消失。

毛色基因		
单根毛发	白色	
和毛色有关的基因	WW	全身白色毛发
	O基因	无论哪种组合，表达都会被抑制
	A基因	无论哪种组合，表达都会被抑制
	B基因	无论哪种组合，表达都会被抑制
	C基因	无论哪种组合，表达都会被抑制
	D基因	无论哪种组合，表达都会被抑制
	T基因	无论哪种组合，表达都会被抑制
	I基因	无论哪种组合，表达都会被抑制

身体

一身纯白的毛发，除了小时候头顶上会有浅灰色条纹外，全身没有其他颜色或花纹。

活跃性（活泼程度）	★★☆☆☆	
亲近与疏离（喜欢主人的程度）	★★★★☆	
攻击性（干架气场）	★★★☆☆	
社交性	（猫咪之间）	★☆☆☆☆
	（对陌生人）	★☆☆☆☆

历史与毛发 最强基因"大白"—— W基因

众所周知，以招财猫为代表的许多吉祥物都是以白猫为原型的，特别是被称为"金银眼"的异瞳白猫，是大吉大利的象征。

造就了白猫一身美丽毛发的正是W基因。过去人们认为狸花白猫和黑白花猫身上的白色是另一种基因[1]作用的结果，不过后来发现那其实是由W基因上的KIT基因[2]造成的。[3]当猫咪携带显性W时，由于色素细胞失去活性，几乎不会产生黑色素，毛色就变成了单一的白色。W基因的遗传优势是所有毛色基因中最强的，哪怕父母中的一方携带了黑色或棕色的毛色基因，只要另一方是白猫，生出的崽大概率是白猫，只有当小猫携带了一对隐性w⁺时，其他毛色基因才会发挥作用。

白猫的另一个特点是蓝眼睛的崽特别多，而且异瞳（第51页）的比例很高：在猫咪中异瞳猫咪的比例通常只有1%，但在白猫中异瞳猫咪的比例可达到25%。白猫的虹膜颜色与先天性听力障碍之间有着密不可分的关系，据说这同样是W基因作用的结果[4]。

W基因虽然拥有最强的遗传优势，但并不意味着能带来最强的生存能力，大多数白猫都有过度小心敏感的问题。

---

[1] 过去认为，部分毛色为白色是受到S基因的影响，但实际上S基因和W基因是同一种基因，在本书中标记为w^s。

[2] 黑色素细胞的母细胞会在胚胎发育过程中迁移到身体各处，而KIT基因会阻碍这种机制发挥作用，导致部分毛发呈白色，或全身毛色呈块状分布。

[3] David, Victor A. et al. (2014). Endogenous retrovirus insertion in the KIT oncogene determines white and white spotting in domestic cats. G3: Genes, Genomes, Genetics, 4(10), 1881-1891.

[4] W基因的显性基因会抑制能制造黑色素的色素细胞的工作，而色素细胞对视觉和听觉来说是不可或缺的。虹膜呈蓝色，是因为几乎不含黑色素的缘故。缺乏黑色素还会增加患有听力障碍的概率。

最强的白色基因

… 白猫
基因型为 W–

… 有色猫
基因型为 w⁺w⁺

- 父母中有一方是白猫的情况❶

WW　　w⁺

Ww⁺　　全部是白猫

- 父母中有一方是白猫的情况❷

Ww⁺　　w⁺w⁺

Ww⁺　　w⁺w⁺　　50%是白猫

- 父母双方都是白猫的情况❶

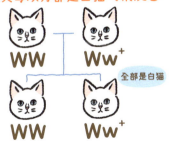

WW　　Ww⁺

WW　　Ww⁺　　全部是白猫

- 父母双方都是白猫的情况❷

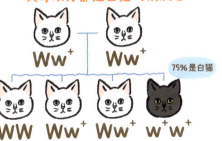

Ww⁺　　Ww⁺

WW　Ww⁺　Ww⁺　w⁺w⁺　　75%是白猫

白猫的异瞳概率高达25%

25%
异瞳

75%
蓝眼睛

蓝眼睛并不是因为含有蓝色素，而是因为几乎不含黑色素，所以看上去是蓝色的。异瞳的白猫必定有一只眼睛是蓝色的。

性格与健康 高傲美丽的女王气质

　　白猫的性格非常谨慎敏感。据说这是因为白色是自然界中最显眼的毛色，所以它们不得不时刻保持警惕。另外，白猫中性格高傲的不在少数，这倒是与它们美丽的外表正好相互衬托。虽说熟络以后也会向"铲屎官"撒娇，但白猫往往会表现出强烈的独占欲，俨然一副女王的姿态。即使是被普遍认为更亲人的雄性，也很少有黏人的性格。需要和人保持适当的距离，这大概就是白猫的性格特点吧[1]。

毛发 白猫与白化猫

　　白猫和白化猫[2]是两种看起来很像但并不一样的猫咪。白猫的毛色是由W基因的显性基因造成的，白化猫则是C基因的隐性基因作用的结果（第98页）。同样毛发呈白色，前者是因为色素细胞失去活性，后者则是因为产生色素所必需的酶无法正常工作。

　　白猫和白化猫都害怕紫外线，直接晒太阳会引起皮肤病等多种问题。可以考虑把家里的玻璃窗换成能遮挡紫外线的，或者贴一层具有相同效果的窗膜。

---

[1]　由于CAMP-NYAN项目的调查中几乎没有采集到白猫的数据，因此未能对其性格做出相对完善的分析。

[2]　白化是一种在绝大多数动物身上都能见到的基因突变现象，白化意味着完全不会产生黑色素。

不喜欢大家庭和客人

客人
如果家里的白猫会因为
敲门或门铃声而过度紧
张，那就为它们准备一
个安全的藏身处吧！

大家庭
白猫的性格可能会跟大
家庭或孩子较多的家庭
合不来。

白猫大多不喜欢生人和别的猫咪，所以可能不
适合大家庭或常有客人登门的家庭饲养，也不
适合与别的猫咪养在一起。虽然每只猫咪的
敏感程度不一样，但还是尽可能为它们准备一
个相对没有压力的环境吧！

白化猫与白猫一样吗？

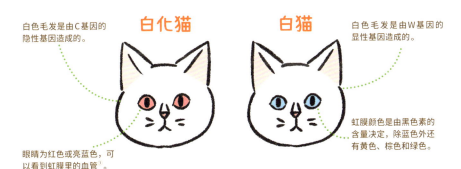

白色毛发是由C基因的
隐性基因造成的。

白化猫

白猫

白色毛发是由W基因的
显性基因造成的。

虹膜颜色是由黑色素的
含量决定，除蓝色外还
有黄色、棕色和绿色。

眼睛为红色或亮蓝色，可
以看到虹膜里的血管[1]。

白化猫乍一看和携带W基因的白
猫没有区别，但它们的虹膜颜色是
不一样的。白化猫的眼睛呈红色
或亮蓝色，是因为虹膜上几乎没有
色素沉积，这也是许多白化猫患有
视力障碍的原因。

共通点
害怕紫外线，直接晒太阳
会引起皮肤病。

---

① C基因的隐性基因共有4种：c^s、c^b、c、c^a。红眼睛的白化猫携带一对c。蓝眼睛的白化猫，基因型为c^ac^a或cc^a。

三花猫

从遗传学角度讲，几乎所有的三花猫都是母猫。由白、棕、黑（或鼠灰色）三色构成丰富多样的毛色花纹，拥有"傲娇"的性格，把众多爱猫人士迷得神魂颠倒。

眼睛

黑色素含量较多时为金色，反之为绿色或蓝色。

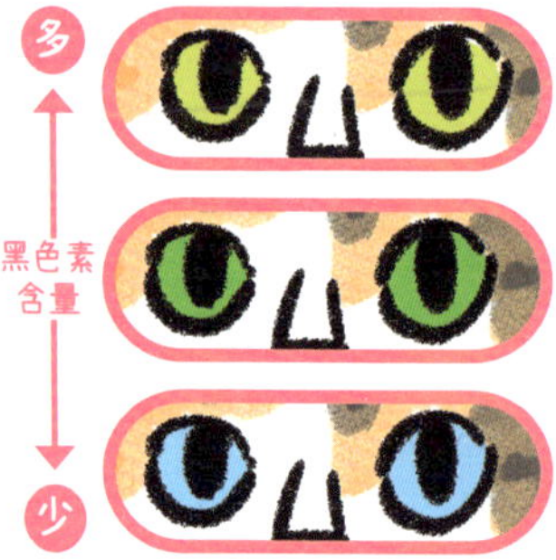

多 ↑

黑色素含量

少 ↓

肉垫

粉色的情况占绝大多数，有时粉色的肉垫上会有棕色斑点，像极了白糯米团里掺入巧克力豆。

鼻子
基本上都是粉色的，偶尔有黑色或橘色的猫咪。

毛色基因		
单根毛发	白色、棕色、黑色	
和毛色有关的基因	w^{s}w^s、w^{s}w^t	混合了白色
	Oo	混合了棕色
	aa	表达为黑色毛发
	B-	正常产生黑色
	C-	全身带有颜色
	D-	浓重的毛色
	Ti$^+$Ti$^+$或T^m-	有斑纹
	ii	对毛发没有影响

尾巴
色素分布较多的部位，通常会带有黑色和棕色的条纹。偶尔也会掺入白色，就连尾巴也是标准的三色混搭。

身体
白色底上有黑色也有棕色。如果黑色部分并非来自黑色基因，而是来自鼠灰色基因（第9页），那么它就是白色、棕色和鼠灰色的三花猫。

活跃性（活泼程度）		★★★☆☆
亲近与疏离（喜欢主人的程度）		★★★★★
攻击性（干架气场）		★★★★☆
社交性	（猫咪之间）	★★★☆☆
	（对陌生人）	★★★☆☆

历史与毛发

在基因的作用下，雄性三花猫的存在几乎是奇迹！

　　三花猫是同时拥有白、棕、黑（或鼠灰色）三色毛发猫咪的统称。三花猫最大的特点就是受基因影响几乎只有雌性。

　　要想成为三花猫，一只猫咪必须同时拥有棕色和黑色（或鼠灰色）这两种毛色，而这也意味着它必须同时携带O基因的显性基因O和隐性基因o。然而，由于O基因只存在于X染色体上，而雄性又只拥有一条X染色体，理论上雄性是不可能同时携带O和o的（见下图），因此，三花猫基本上只有雌性[1]。

为什么三花猫基本上只有雌性？

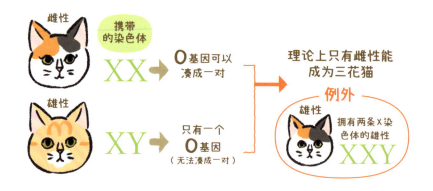

要想成为三花猫，O基因的基因型必须为Oo。由于O基因只存在于X染色体上，雄性三花猫几乎是不存在的。

---

[1] 由于这世界上也有拥有两条X染色体的雄性（XXY），雄性三花猫还是存在的。有人说三千只三花猫里才有一只雄性，也有人说三万只三花猫里才有一只雄性，还有人认为，如果只看X染色体的话，说雄性（XXY）三花猫是雌性三花猫也不为过。

"猫性"十足的三花猫

在人们眼里，三花猫的性格比较任性和傲娇，而且还有点胆小。CAMP-NYAN项目的研究显示，三花猫相比其他毛色的猫咪具有更敏感的性格，但是相应的，对主人也更加依恋。

虽然神经质的性格让它们在感到不安全时容易露出攻击性，不过在主人面前却十分乖巧可爱。如果说大多数雌性猫咪比雄性猫咪更有"猫性"（猫咪骄纵的脾性），那么雌性的三花猫被人们认为"猫性十足"也就不足为奇了。

虽然性格敏感，在主人面前却很真实

生病

因为基本上是雌性，需要多留意子宫、乳腺等部位的健康。多数疾病可以通过绝育手术来预防。

以雌性为主的三花猫"猫性"十足，脾性骄纵，情绪多变，但总会在主人面前露出最真实的一面。不过也有人反映家里的三花猫性格很沉稳。

三花猫家族

曼基康猫等一部分纯种猫也是有三花花色的，不过最常见的三花猫还是非纯种猫。每只三花猫的花色都不一样，而且由于色素细胞的分布具有随机性，即便携带相同的基因，最终会长出什么样的花纹也是个未知数。

三花猫

家族
· 三花斑
· 白色×棕色×鼠灰色
· 浅三花

三花斑

身上绝大部分是白色的三花猫叫作三花斑。

身上的颜色像是滴了颜料一样，因此有颜色的部位在头顶和耳朵周围，以及后背和尾巴上。腹部和四条腿则统统是白色的。

有的猫咪只在头顶上有一小块黑色和棕色的斑块。

白色×棕色×鼠灰色

鼠灰色替代了黑色的三花猫。如果携带了A基因的显性基因，原本应该是黑色的部分就变成了鼠灰色。

鼠灰色的部分是带条纹的。

毛色基因		
单根毛发	白色、棕色、鼠灰色	
和毛色有关的基因	w^{s}w^s、w^{s}w	混合了白色
	Oo	混合了棕色
	A-	混合了鼠灰色
	B-	正常产生黑色
	C-	全身带有颜色
	D-	浓重的毛色
	Ti^{b}Ti^b 或 T^{m-}-	有斑纹
	ii	对毛发没有影响

浅三花

毛色的配比和三花猫是一样的，但整体色调要淡一些。

整体来说多了一分西洋猫的感觉。

毛色变浅是D（淡化）基因的隐性基因的作用：棕色会变成奶油色，黑色会变成蓝色（灰色）。

毛色基因		
单根毛发	白色、浅棕色、浅鼠灰色	
和毛色有关的基因	w^{s}w^s、w^{s}w	混合了白色
	Oo	混合了棕色
	A-	混合了鼠灰色
	B-	正常产生黑色
	C-	全身带有颜色
	dd	颜色偏浅（偏明亮）
	Ti^{b}Ti^b 或 T^{m-}-	有斑纹
	ii	对毛发没有影响

棕色与黑色两种毛色

玳瑁猫

毛发由棕、黑（或鼠灰色）两种颜色构成。
据说和三花猫一样，几乎都是雌性，而且
大概率是个"任性"的"小傲娇"。

眼睛 由于黑色素含量较高，大多为金色。

鼻子 黑色里掺着一点粉色。

肉垫 由于黑色素含量较高，大多为黑色。

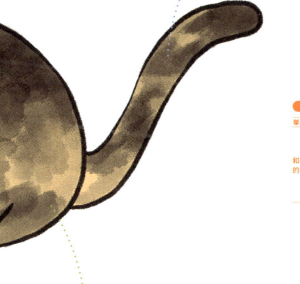

尾巴

和身上的花纹大体一致，但如果是斑纹玳瑁（第64页），尾巴上会有清晰的斑纹。

毛色基因		
单根毛发	棕色、黑色	
	w$^+$w$^+$	对毛发没有影响
和毛色有关的基因	Oo	混合了棕色
	aa	混合了黑色
	B-	正常产生黑色
	C-	全身带有颜色
	D-	浓重的毛色
	Ti$^+$Ti$^+$或T^m-	有斑纹
	ii	对毛发没有影响

身体

黑色（或鼠灰色）与棕色的毛发复杂地交织在一起。

活跃性（活泼程度）		★★★☆☆
亲近与疏离（喜欢主人的程度）		★★★☆☆
攻击性（干架气场）		★★★★☆
社交性	（猫咪之间）	★★★★☆
	（对陌生人）	★★★★☆

由棕色与黑色组合成的独特色调

"玳瑁猫"这个叫法源自一种名为"玳瑁"的海龟，其背甲为棕褐色，有深浅环状斑及浅棕色小花斑。同时拥有棕色、黑色（或鼠灰色）两种颜色毛发的猫咪，由于独特的配色与玳瑁十分相似而被称为"玳瑁猫"。"玳瑁"这个名字也十分直观地体现了猫咪美丽的毛色。

玳瑁猫中最常见的就是全身黑棕相间的配色，也有一些猫咪的花纹是斑点状的。如果携带了一对D基因的隐性基因，那么就是浅玳瑁猫。

和三花猫如出一辙的女王气质

从基因角度看，玳瑁猫与三花猫的区别仅在于是否有白色，在同时拥有黑色（或鼠灰色）和棕色这一点上，两者是一样的。因此，玳瑁猫也和三花猫一样，基本上只有雌性。（第56页）

另外，玳瑁猫的性格也属于很有"猫性"（猫咪脾性骄纵）的类型，可以说各方面都和三花猫很像。

与众不同的名字

玳瑁

玳瑁龟壳在过去曾被用来加工成不同的工艺制品，晶莹剔透的棕色里夹杂着清晰美丽的黑色花纹，让人十分喜爱。

锈迹斑斑

由于玳瑁猫的颜色也很像金属生了锈的样子，也有人曾叫它们"锈斑猫"。

玳瑁猫自古便生活在东亚地区，它们"锈迹斑斑"的外表看起来总是很"潦草"。但在欧美地区，这种"潦草"又不失个性的美丽毛色却颇受人们喜爱。由于玳瑁猫性格稳重，又有着不属于调皮捣蛋的智力，越来越多的人开始把它们迎进家门一起生活。

没有白色是因为 W 基因不同

玳瑁猫的基因

w^+w^+　没有白色
Oo　有棕色
aa（A-）　有黑色（或鼠灰色）

三花猫的基因

w^sw^s、w^sw^+　有白色
Oo　有棕色
aa（A-）　有黑色（或鼠灰色）

三花猫的 W 基因型为 w^sw^s（或 w^sw^+），相比较起来，玳瑁猫携带的 w^+w^+ 不会表达为白色毛发。

玳瑁猫家族

玳瑁猫的毛色在很大程度上受到棕色、黑色两种颜色配比的影响。棕色较多、全身偏红色的叫"红玳瑁"，黑色较多的叫"黑玳瑁"，毛色偏浅的叫"浅玳瑁"。如果在原有毛色上加入斑纹，玳瑁猫就成了"斑纹玳瑁"。

玳瑁猫

家族

斑纹玳瑁

斑纹玳瑁

看上去和红玳瑁有几分相似，区别在于遍布全身的斑纹。或者也可以说，它们像毛色偏红的狸花猫。

毛色基因		
单根毛发	棕色、鼠灰色	
和毛色有关的基因	w⁺w⁺	对毛发没有影响
	Oo	混合了棕色
	A-	混合了鼠灰色
	B-	正常产生黑色
	C-	全身带有颜色
	D-	浓重的毛色
	TiᵇTiᵇ或Tᵐ-	有斑纹
	ii	对毛发没有影响

斑纹玳瑁在欧美地区也叫"棕补丁斑纹猫"（Brown Patched Tabby Cat）。

第三章
纯种猫

父母为同一品种，成年后体态、
性格均在预测范围内的猫咪被称为纯种猫。
每个品种的猫咪都拥有独一无二的个性，
那是它们代代相传血统的证明。

美国短毛猫　　俄罗斯蓝猫　　苏格兰折耳猫　　挪威森林猫

曼基康猫　　布偶猫　　缅因猫　　英国短毛猫

波斯猫　　孟加拉猫　　阿比西尼亚猫和索马里猫　　异国短毛猫

暹罗猫　　新加坡猫

毛色、斑纹
多种多样的短毛品种

美国短毛猫

因结实的体形和可爱的圆脸在
全世界拥有极高人气，是人类
"天真烂漫"又"友善"的好
伙伴[1]。

 **额头上
的 M 形**　无论身上的斑纹是旋涡状
的，还是线条状的，额头
上都有"M"形标记。

眼尾线　从外眼角向两颊伸出的
黑色条纹，让人感觉眼
神犀利。

 眼睛　不太圆的杏核形，较
大，银色经典斑纹美短
大多为蓝色或绿色虹
膜，但也有黄色或铜色
的情况。

 脸部　两颊"发腮"，尤其是
雄性，会很明显。

① 本页图中为美国短毛猫中具代表性的"银色经典斑纹"（Silver Classic Tabby）毛色。

耳朵 大小中等，耳尖较圆，间距稍远。

鼻子 介于棕色与粉色之间，有黑色的轮廓线。

毛发 短毛，但因为有下层毛（第87页），显得很厚，手感略硬。

尾巴 粗而长，到尾巴尖渐细。

身体 半短胖型（第101页），体形结实，下半身健壮。

腿 粗细适中，肌肉发达，长度偏短。

肉垫 多为黑色或黑棕色。

活跃性 （活泼程度）		★★★★★
亲近与疏离 （喜欢主人的程度）		★★★★☆
攻击性 （干架气场）		★☆☆☆☆
社交性	（猫咪之间）	★★★★★
	（对陌生人）	★★★★☆

历史

从英国人登上
美洲大陆开始便与人类同行

　　17世纪时，英国人开始殖民美洲，当时为防治鼠害而与殖民者一起乘坐五月花号的猫咪们，据说就是美国短毛猫的祖先。其后，这些猫咪开始以"工作猫"的身份在农场里与人类共同生活。直到20世纪以后，它们才被确立为一个单独的品种。

　　在东亚地区，很多人都知道"美短"这个简称，其知名度可见一斑。美短为何如此受欢迎呢？答案一定和它们圆圆的脸蛋以及可爱的相貌不无关系。

毛发

除银色经典斑纹，
还有很多种毛色

　　银色经典斑纹可以说是美短的代表毛色，不过，当控制斑纹样式的T基因（第19页）为野生型时，美短身上的斑纹也可以表达为鲭鱼斑纹（和狸花猫一样的条形斑纹）。经典斑纹其实是由鲭鱼斑纹突变而来的，侧腹部上左右对称的粗大旋涡状斑纹也被称为"不规则经典斑纹"。

　　毛色及花纹丰富多样是美短的一大特点，其组合形式据说可达80种以上。

美短可以有很多种毛色

棕色、红色、蓝色、黑色、
奶油色，美短的毛发可以是
任何颜色的，甚至是混合了
白色的双色、重点色，或单
一毛色。

棕色

奶油色

黑色

斑纹

也有不是经典
斑纹的个体。

3种类型的斑纹

①经典斑纹
（旋涡状斑纹、不规则经典斑纹）

②鲭鱼斑纹
（竖条纹）

③细纹斑
（阿比西尼亚斑纹）

猫咪身上的斑纹包括以美短为代表的经典斑纹，以及以狸花猫为代表的鲭鱼斑纹，两者均是T基因相互
组合的结果。此外还有一种不显眼的细纹斑（第130页），同样是T基因作用的结果，比如阿比西尼亚
猫身上的就是这种斑纹。

性格

生来天真烂漫

说到美短的性格，它们给人的第一印象就是非常友善[1]，不管是和人类还是其他猫咪，甚至和犬类都能和睦相处。"开朗、有活力、天真烂漫"，用这些词来形容美短的性格再合适不过了。有研究表明，美短的友好度和贪玩度在 11 种接受调查的纯种猫中是最高的。[2]而且美短的友好并不像是表面上的讨好，而更像是和主人建立起一种真正的友谊。

由于对环境的适应能力强，不管是一大家子人还是一个人生活，什么样的家庭美短都能轻松融入其中。

与人类同行

17世纪的大航海时代
曾是驱除鼠害的"工作猫"。

现在
在与人类共处的漫长岁月中培养出的友好性格，让美短广受人们喜爱。

美短获得"纯种猫"身份是在20世纪60年代，距离和人类一起迈向美洲已过去300余年。

---

① 也有不喜欢过度身体接触和被抱的美短，主人需多加注意。

② Takeuchi, Yukari & Mori, Yuji. (2009). Behavioral profiles of feline breeds in Japan. Journal of Veterinary Medical Science, 71(8), 1053-1057.

健康 **一不小心就会长成胖子**

　　美短在被认定为一个独立品种之前曾和多种猫咪进行杂交，因此它们有着结实的身体，也较少患遗传疾病。美短的平均寿命为15岁左右，这在纯种猫里算是比较长寿的品种了。不过，据说它们患上疫苗诱发的性纤维肉瘤（注射部位长出肿瘤）和心肌肥大①的概率较高。

　　此外，由于美短贪吃又好动，一旦运动不足就会导致肥胖，进而引起糖尿病和关节炎等疾病，这些问题一定要引起主人重视。

纯种猫里的健康猫

生病
很少得遗传疾病。

纯种猫是人为培育出来的，目的在于保留一些特有的体貌特征，因此，有的纯种猫天生就患有遗传病（第83页）。就此而言，美短的祖先是移居到美洲的田园猫，又在杂交中继承了多个品种的血统，这种多样化的基因赋予了它们抵御疾病的强大能力，而这也被认为是它们平均寿命较长的原因之一。

平均寿命较长
纯种猫的平均寿命一般在13岁左右，美短则为15岁左右。

---

① 虽被认为有遗传病倾向，但由于无法查明病因，并不能予以防治。由于事前很难发现，一旦出现咳嗽、运动量下降等明显症状，应及时去兽医院就诊。

俄罗斯蓝猫

天鹅绒一般的蓝色毛发让任何人都会一见倾心。天生谨慎敏感的性格让陌生人难以接近，但和主人之间却能建立起"甜甜蜜蜜"的亲密关系。

眼睛

标准品种为大大的圆杏核形，明亮的绿色虹膜。

鼻子

宽鼻头，鼻梁笔直，呈灰色。

嘴

嘴角上扬，好像在笑，因此被称为"俄罗斯笑脸"，胡须是黑色的。

腿

纤长、柔软的四肢。

肉垫

赤褐色，小而圆的脚掌支撑起苗条的身形。

純种猫
俄罗斯蓝猫

头 呈倒三角形，因为酷似正在俯视的蛇头，这种形状也被称为"眼镜蛇头"。

耳朵 大大的三角形，间距较远，与脸蛋一起构成很好的比例，很有魅力。

毛发 毛质柔软，如天鹅绒一般顺滑。虽然是短毛，但由于来自寒带地区，身上长着可靠的双层护毛（第87页），每到换冬毛的季节毛量都会大幅增加，看起来好像体格大了一圈。

尾巴 长而柔软，到尖端会变细。小时候可能会有淡淡的斑纹（幽灵斑纹）。

身体 骨骼较小，体态修长，肌肉占比适中，体形柔美。

活跃性（活泼程度）	★★★☆☆
亲近与疏离（喜欢主人的程度）	★★★★★
攻击性（干架气场）	★★☆☆☆
社交性（猫咪之间）	★☆☆☆☆
社交性（对陌生人）	☆☆☆☆☆

历史与毛发

美丽的毛色是D基因的作用结果

　　俄罗斯蓝猫据说起源于俄罗斯西北部的阿尔汉格尔斯克，其美丽的蓝色（灰色）毛发和纤长优雅的体态深受俄罗斯及英国贵族的喜爱，早在20世纪初便被英国认定为一个独立的品种。

　　俄罗斯蓝猫最大的特征便是它们的毛色。单一的蓝色毛发使它们与夏特尔蓝猫以及英国短毛蓝猫并称为"世界三大蓝猫"。这种蓝色来自隐性D基因对毛色的淡化作用[1]。这种毛色在上一章节提到的非纯种猫中几乎是不存在的。

隐性D基因（突变型）使毛色变浅的原理

1. 黑色素在色素细胞中产生。

2. 黑色素产生后会被运往毛发和皮肤。受隐性D基因（突变型）影响，黑色素在运输中聚集在一起，并在毛发中呈不均匀分布。

3. 由于色素沉积不均，在人的肉眼看来就成了蓝色。

黑色素

制造黑色素的色素细胞

运输中受到隐性D基因（突变型）的影响

黑色素分布不均

毛发尖端

人的肉眼所见

---

[1] 携带一对隐性d基因时，色素将无法被正常运送到身体各处。

小脸的俄罗斯蓝猫

呆萌 **圆乎乎的脸蛋**
美国短毛猫、英国短毛猫、波斯猫等

威猛 **大型猫常见的四方脸**
挪威森林猫、缅因猫等

俄罗斯蓝猫就有
一张秀气的小脸

秀气 **倒三角形的小脸**
俄罗斯蓝猫、孟加拉猫、暹罗猫等

猫咪的脸型大致可分为以上3种，俄罗斯蓝猫属于倒三角形（或者叫"V"字形）的小脸，给人一种高贵精致的印象。

性格

一般人伺候不起，
但对主人来说是"梦中情猫"！

　　俄罗斯蓝猫不仅拥有美丽的毛发、修长的体态、倒三角形的小脸，它们还有着细腻敏感的天性，跟它们精致优雅的外表如出一辙，对主人来说，简直宛如"情感细腻的恋人"。俄罗斯蓝猫会给予主人全部的信任，对主人彻底依赖，那种如胶似漆的状态甚至能让人看出几分"犬性"。但在另一方面，俄罗斯蓝猫又会对陌生人表现出截然相反的排斥态度。考虑到它们性格敏感又对陌生人充满警惕，可以在家里为它们准备一个"紧急避难所"，以便能够应对"不速之客"的来访。

俄罗斯蓝猫对环境变化的适应能力较差，如果主人有重新装修或搬家的打算，就需要慎重考虑了。如果家里有新成员加入的话，无论是人还是猫咪，也要尽量选择不会给它们造成压力的方式。据"过来人"说，哪怕是和主人亲密无间的俄罗斯蓝猫，积攒太多压力后也有可能"翻脸不认人"的。

尽管俄罗斯蓝猫是公认的"难伺候"，不过一旦建立起信任关系，它们和主人就能成为最亲密的伙伴。

此外，由于很少叫出声来，俄罗斯蓝色还拥有"无声猫"的别名，它们也因此适合在公寓式住宅中饲养。

健康 健康的体魄，不易引起过敏

俄罗斯蓝猫身手敏捷，喜欢玩耍，在家饲养时最好能用玩具和猫爬架为它们搭建出一个适宜运动的环境。

健康方面，目前尚未发现俄罗斯蓝猫患有哪种遗传病，或易患某些疾病。养过俄罗斯蓝猫的人都说它们容易挑食，所以从小就要训练它们吃各种食物，并做好体重管理。

俄罗斯蓝猫还有一个特点是不容易引起人类（对猫咪）过敏。有研究显示，会造成人类对猫咪过敏的物质（过敏原）—— Fel d1糖蛋白 —— 在俄罗斯蓝猫身上的含量要低于其他品种的猫咪。这种过敏原存在于猫咪的皮屑和唾液中，会在猫咪舔毛的过程中黏满全身，因此，可以通过多给猫咪梳毛和洗澡来降低过敏原在环境中的含量。

悄无声息的猫咪

叫声非常小

拥有"无声猫"的别名。

19世纪下半叶在猫咪宠物展览初次亮相时，俄罗斯蓝猫还曾有过黄眼睛的品种。如今，只有美丽的绿色眼睛才是俄罗斯蓝猫的品种标准。

最爱主人

性格具有两面性

对外小心敏感，只在主人面前是个"撒娇包"。

也有可能生出白色或黑色毛发的个体。根据认证标准，这种情况下应被统称为"俄罗斯短毛猫"。

对猫咪过敏者也能饲养？

俄罗斯蓝猫

俄罗斯蓝猫产生的过敏原要少于普通猫咪。

其他品种

过敏原会在猫咪舔毛时黏在毛发上，进而引起主人的过敏反应。

此外，西伯利亚森林猫、长毛暹罗猫、柯尼斯卷毛猫、加拿大无毛猫也属于产生过敏原较少的品种。

惹人喜爱的折耳

苏格兰折耳猫

浑身上下都圆咕隆咚的，非常可爱。性格也如它们的身形一般“稳重”“友好”，与任何人都能相处得很好。

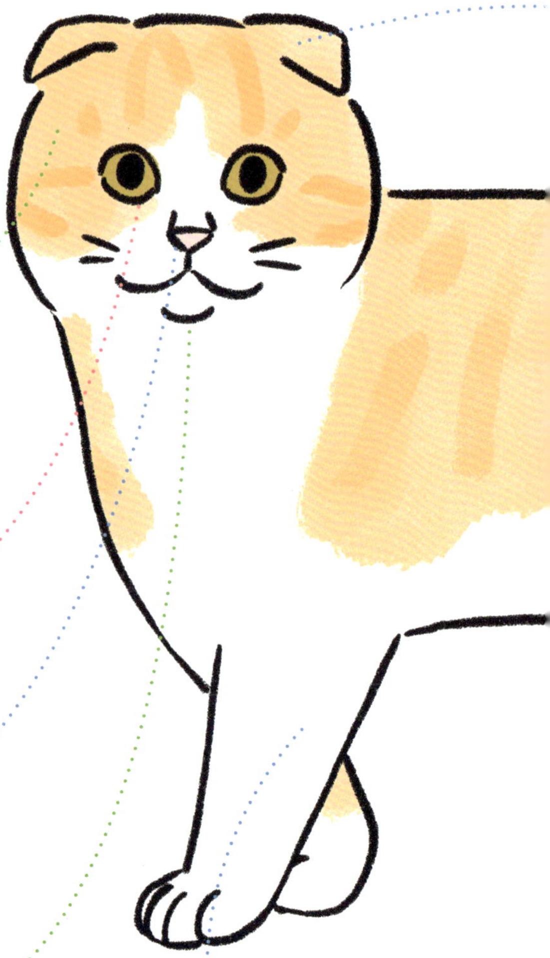

头 无论从哪个角度看都是圆形的。

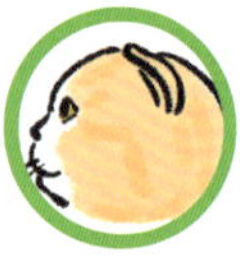

侧脸

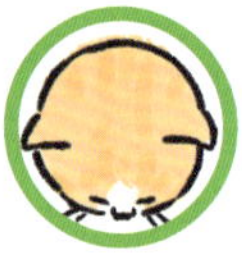

头顶

眼睛 又大又圆，虹膜颜色因毛色而异。

鼻子 颜色因毛色而异。

嘴部

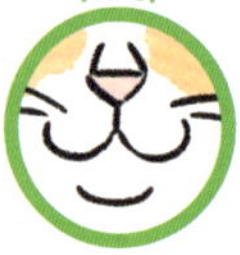

胡须垫是圆的，下巴也很丰满。

腿 略短，还算和身体比例协调，脚掌是圆的。

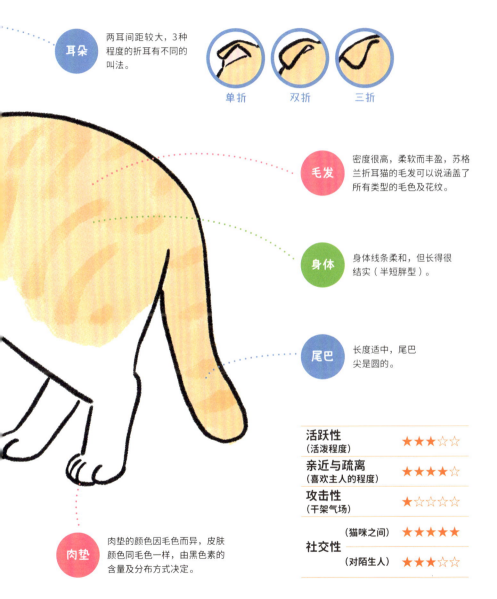

耳朵 两耳间距较大，3种程度的折耳有不同的叫法。

单折　双折　三折

毛发 密度很高，柔软而丰盈，苏格兰折耳猫的毛发可以说涵盖了所有类型的毛色及花纹。

身体 身体线条柔和，但长得很结实（半短胖型）。

尾巴 长度适中，尾巴尖是圆的。

肉垫 肉垫的颜色因毛色而异，皮肤颜色同毛色一样，由黑色素的含量及分布方式决定。

活跃性 （活泼程度）	★★★☆☆
亲近与疏离 （喜欢主人的程度）	★★★★☆
攻击性 （干架气场）	★☆☆☆☆
社交性 （猫咪之间）	★★★★★
社交性 （对陌生人）	★★★☆☆

历史　可爱的折耳是一种基因突变？！

一切始于 1961 年的苏格兰，人们在一座农场的仓库里发现了一只美丽的白色长毛猫。这只猫咪后来被取名为"苏西"（Susie），它的两只耳朵由于基因突变而向前折叠。后来，苏西产下的小猫同样出现了折耳的情况，这种形状的耳朵也因此被认为是一种遗传性状，人们开始有计划地繁育带折耳的猫咪。

苏格兰折耳猫获得认证是在 1994 年，换句话说，它是一个很新的品种。

毛发　继承了苏西的基因

苏格兰折耳猫除了短毛品种外，也有长毛（半长毛）品种，其长毛基因据说是从祖先苏西那里继承而来的。苏格兰折耳猫的毛色及花纹非常丰富，说它涵盖了所有类型的毛色性状也不为过。

苏格兰折耳猫从头到脚都圆滚滚的，而作为品种特征的折耳，其实属于不完全显性遗传：所有折耳猫出生时都是立耳的，只有大约 30% 的个体会随着成长变成折耳。那些始终保持立耳的个体有另外一个名字 —— 苏格兰立耳猫。

猫咪的耳朵分3种类型

立耳

最普通的耳朵形状。

折耳

向前弯折的耳朵，根据弯折程度的
不同，分为单折、双折、三折耳。

卷耳

向后卷曲的耳朵。

苏格兰折耳猫的折耳为该品种特有，卷耳常见于美国卷耳猫。

耳朵的位置也有分类

宽耳根   **间距大**   **间距小**

不同品种的猫咪，耳朵的位置也各有特色，有的左右间距
较大（或较小），有的耳根较宽。

长成纯折耳的概率在30%左右

折耳基因为"不完全显性
遗传"，所以耳朵会表现
出不同程度的弯折，有的
猫咪会出现没有彻底折
耳的情况，如单折或双折
（第79页）。30%这个数
字是指苏格兰折耳猫中纯
折耳（三折）所占的比例。

立耳
耳朵的大小
为中等或中
等偏小。

折耳
出生后3周左
右，耳朵开始
向前弯折。

苏格兰立耳猫
除了耳朵没有弯折外，全
身上下和折耳猫一样都是
圆滚滚的。

折耳坐
多见于折耳猫的
标志性坐姿。

性格　稳重又友善，
是非常容易饲养的猫咪

　　性格稳重、亲人的苏格兰折耳猫是一种因"容易饲养"而著称的猫咪。相比短毛品种，长毛品种的性格似乎更"傲娇"，大概它们的祖先苏西就是一只桀骜不驯的猫咪吧！

　　除友善外，苏格兰折耳猫还有贪玩的一面，因此跟别的猫咪或人类都能相处融洽。鉴于它们的叫声很小，在公寓式住宅里饲养也完全不成问题。另外，由于它们的运动量比其他品种小得多，人们通常会认为苏格兰折耳猫是一种温顺乖巧的猫咪。

健康　惹人喜爱的坐姿
背后是令人痛心的真相

　　苏格兰折耳猫特有的折耳，其实是由一种名叫软骨发育不良的遗传病造成的。这是一种会引发多种疾病的遗传病，诱发关节炎的概率极高，发病率是其他品种的2.5倍，其中雌性的发病率还要在此基础上增加1.5倍。鉴于这种天生的骨质问题，主人最好能让折耳猫生活在有地毯的环境里，以防它们直接与地板接触。

　　另外，折耳也导致猫咪耳道不易透气，因此患外耳炎的风险也比较大。主人平时要多留意它们耳道的清洁状况。

纯种猫与软骨发育不良

**要格外
小心患有关节炎**

张开后腿瘫坐在地上的"折耳坐"非常有名，然而它们摆出这种姿势其实是为了缓解关节疼痛。一旦发现爱猫有"折耳坐"的倾向，就要立刻去医院检查。

**苏格兰折耳猫
×
折耳**

**曼基康猫
×
矮脚**

**软骨
发育不良**

**波斯猫
×
塌鼻梁**

**美国卷耳猫
×
卷耳**

一些品种猫独有的外貌特征可能是软骨发育不良的结果[①]。
上图中的这几种猫咪都有患关节炎的风险。

能呵护腰腿的环境

改善地面

如果地面容易打滑，可以铺上垫子或毯子。

减轻负担

玩耍时可以让猫咪坐在软垫、沙发或床上，这样能减轻腰腿负担。

折耳猫大都有运动量不足的问题，但如果长得太胖就会对腰腿造成更大的负担，一定要特别注意。

① 近年来，以欧洲为中心掀起了一股抵制繁育、贩卖折耳猫的风潮。英国的纯种猫注册协会 GCCF（The Governing Council of the Cat Fancy）早在 1973 年便停止了对折耳猫的认证，比利时也于 2021 年取缔了折耳猫的相关产业。

挪威森林猫

为了在极寒的森林里生存，挪威森林猫拥有粗壮的骨骼和厚实的毛发。尽管身材魁梧，却有着爱玩和温顺的天性。

头

两只耳朵和下巴组成了一个漂亮的倒三角形。

眼睛

大大的杏核形，虹膜颜色与毛色一致。

鼻子

有各种颜色，因毛色而异，鼻梁笔直。

嘴部

嘴部线条匀称，下巴圆润。

肉垫

脚掌大而圆，肉垫间隙里长出的毛簇据说是为了在雪地上稳步行走，肉垫的颜色因毛色而异。

腿

后腿较前腿长，腰部高于肩部。

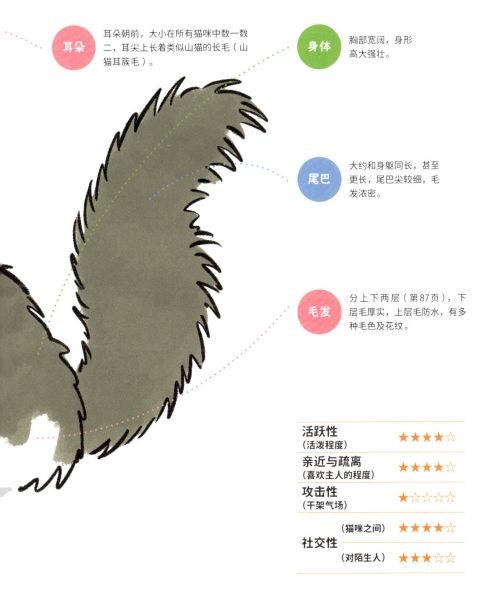

耳朵 耳朵朝前,大小在所有猫咪中数一数二,耳尖上长着类似山猫的长毛(山猫耳簇毛)。

身体 胸部宽阔,身形高大强壮。

尾巴 大约和身躯同长,甚至更长,尾巴尖较细,毛发浓密。

毛发 分上下两层(第87页),下层毛厚实,上层毛防水,有多种毛色及花纹。

活跃性 (活泼程度)	★★★★☆
亲近与疏离 (喜欢主人的程度)	★★★★☆
攻击性 (干架气场)	★☆☆☆☆

社交性	(猫咪之间)	★★★★☆
	(对陌生人)	★★★☆☆

**与北欧神话及维京人
颇有渊源的猫咪**

挪威森林猫就像它们的名字一样，是世代繁衍在北欧挪威大自然中的猫咪，它们的祖辈曾是森林里的优秀猎手。挪威森林猫的起源相当古老，据说它们曾乘坐维京人的船只周游世界。

挪威森林猫的体形较大，雄性能长到9千克，雌性也能长到7千克。正因如此，普通猫咪出生后1—2年就能长成成猫，而挪威森林猫则要花上3—5年。能慢慢看着它们长大，这或许也是它们对主人的一种馈赠吧！

体形又大又壮

中型猫

挪威森林猫

体形
中型猫的体重为3千克～5千克，相比起来，挪威森林猫的个头差不多要大出一倍。

3千克～5千克

7千克～9千克

据说挪威森林猫就是北欧神话中由于重量太大而无法被神举起的那只猫。

毛发 **优美而勇猛，**
适应极寒地带的体格与毛发

　　高大的身材、浓密的毛发、端正的五官，这样的外表给人以优美而高贵的印象，但实际上，挪威森林猫非常强壮。得益于结实的骨骼和厚实的毛发，它们即使在极度寒冷的环境里也能生存。

　　挪威森林猫浓密的毛发分为两层，柔软纤细的下层毛和被皮脂覆盖、具有良好防水性能的上层毛。此外，脚底肉垫的缝隙里长出的毛簇，以及像华丽的围巾一样围绕在脖子上的毛发，都是挪威森林猫抵御严寒的重要装备。

毛发蓬松的秘密：双层结构

双层护毛
挪威森林猫、布偶
猫、俄罗斯蓝猫等

上层毛

下层毛

单层护毛
孟加拉猫、暹罗猫、
新加坡猫等

无论是单层护毛还是双层护毛，都是由上层毛和下层毛共同构成的。主要区别在于，如果是单层护毛，下层毛的毛量会非常少。由于下层毛在换毛期会被换掉一大半，双层护毛的猫咪总让人感觉掉毛严重。

性格
温顺、坚定又爱玩耍，
是"铲屎官"最亲密的朋友

挪威森林猫头脑聪明，性格温顺，情绪也十分稳定，不但适合有小孩的家庭饲养，对从未养过猫咪的人来说，它们也是人生第一只猫的"绝佳选择"。一旦建立起信任关系，它们也会在主人面前表现出娇柔的一面。

挪威森林猫虽然是长毛品种，却意外活泼好动。或许是因为祖先来自挪威的森林，它们擅长爬树和狩猎，是如假包换的"户外型选手"。因此，可以在家里多设置一些高台，比如猫爬架或书架，挪威森林猫待在上面会觉得很安心。

健康
长长的毛发需要精心养护

健康方面，很多人都表示挪威森林猫特别皮实，唯一需要注意的可能就是肥胖问题：由于体形较大，关节的负担也会随之加重，因此有必要做好体重管理。

挪威森林猫是长毛品种，因此毛发需要经常打理。为避免毛发打结，最好能天天给它们梳毛。另外，挪威森林猫由于皮脂分泌旺盛，上层毛会脏得比较快，建议定期用香波清洗。污垢长期积聚容易引起皮炎，为了它们的健康着想，应时刻留意毛发的清洁情况。

人生第一只猫咪的"绝佳选择"

性格

聪明，温顺，适合从未养过猫咪的人。

长毛品种的猫咪平时大都懒洋洋的，挪威森林猫却比较活泼，特别是小时候，喜欢有人陪着它一起玩。

保持毛发洁净的养护方法

梳毛

因为长毛容易打结，建议每天梳一次毛。春秋换毛季时，最好能一天梳两次。

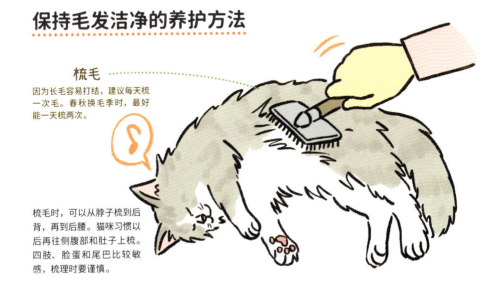

梳毛时，可以从脖子梳到后背，再到后腰。猫咪习惯以后再往侧腹部和肚子上梳。四肢、脸蛋和尾巴比较敏感，梳理时要谨慎。

有短毛也有长毛，
毛色丰富多样

曼基康猫

"曼基康"似乎已经成了"矮脚"的代名词，
但其实也有很多长腿的曼基康猫。它们是一
种"好奇心旺盛"又"友善"的猫咪。

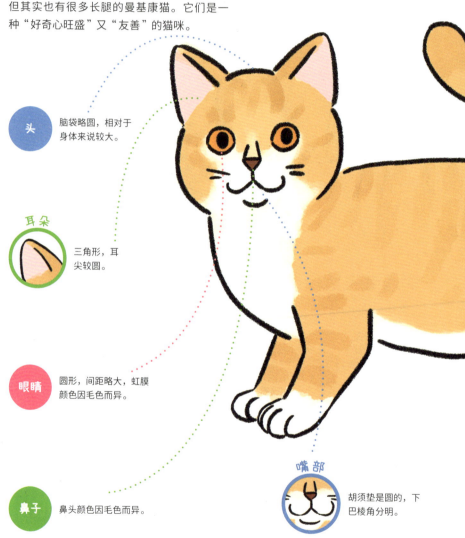

头 脑袋略圆，相对于
身体来说较大。

耳朵 三角形，耳
尖较圆。

眼睛 圆形，间距略大，虹膜
颜色因毛色而异。

鼻子 鼻头颜色因毛色而异。

嘴部 胡须垫是圆的，下
巴棱角分明。

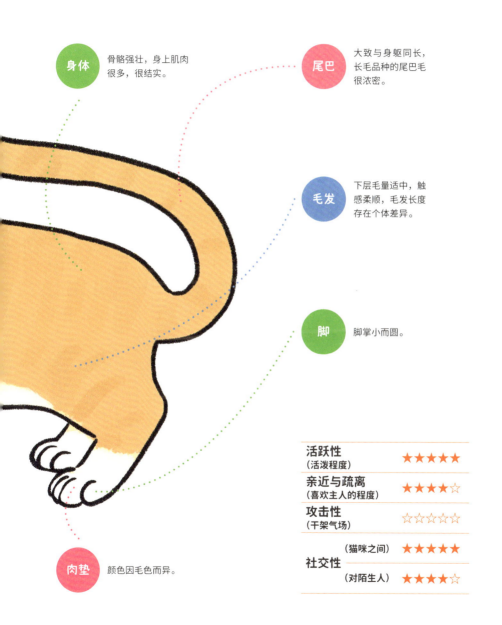

身体 骨骼强壮，身上肌肉很多，很结实。

尾巴 大致与身躯同长，长毛品种的尾巴毛很浓密。

毛发 下层毛量适中，触感柔顺，毛发长度存在个体差异。

脚 脚掌小而圆。

肉垫 颜色因毛色而异。

活跃性 （活泼程度）	★★★★★
亲近与疏离 （喜欢主人的程度）	★★★★☆
攻击性 （干架气场）	☆☆☆☆☆
社交性 （猫咪之间）	★★★★★
（对陌生人）	★★★★☆

矮脚的曼基康猫其实非常罕见

这种四肢短小的猫咪最早发现于20世纪40年代的英国，矮脚被认为是由基因突变造成的。后来，在俄罗斯和美国也相继发现了矮脚的猫咪，不过，直到20世纪80年代，人们才正式开始繁育这种猫咪。

"曼基康"这个名字取自《绿野仙踪》中出场的小矮人（Munchkin）。

曼基康猫这样走起路来摇摇晃晃的可爱猫咪，其实也有许多个体和普通猫咪一样长着长腿，这是因为如果双亲都是矮脚，孩子会有很大概率胎死腹中，所以从伦理角度出发，人们更愿意让矮脚猫与一只长腿猫交配。

在这种情况下，一胎中生出矮脚的概率有人说是20%，也有人说是50%，其余幼崽则拥有正常的长腿，或稍短的腿。换句话说，曼基康猫有三个"版本"。

毛发 种类非常丰富

曼基康猫的毛发有短毛也有长毛（半长毛）。由于在品种确立前曾不断和各种猫咪交配，其毛色和花纹的样式也非常丰富，甚至可以说没有一只花纹重样的曼基康猫。但是相应地，毛色单一的曼基康猫非常少见。

形象多变的"曼基康"

长腿

"曼基康"这个品种的猫咪除了腿长外，在毛发长度、毛色、花纹等方面也有着非常多的变化。加之虹膜和肉垫的颜色也会随毛色变化，每一只曼基康猫可以说都是世界上独一无二的，而这或许也是它们受人青睐的秘密之一。

中等长度的腿

按腿长分类

有短腿品种、长腿品种，以及中等腿长的品种。通常来说，猫咪的后腿要长过前腿，但对于矮脚猫来说，前后腿的长度几乎是一致的。

短腿

性格与健康

好奇心强又爱玩耍，
和所有人都很要好！

曼基康猫性格开朗，不会认生，无论你是一个人住，还是家里有很多人，或是有小孩、有别的猫咪，基本上都没问题，把它们接回家后，曼基康猫很快就会与家里成员相处融洽，哪怕经常有客人登门拜访也不要紧。

曼基康猫虽然腿短，但肌肉力量却不逊色于其他猫咪，而且由于稳定性优异，它们反而拥有强烈想要用力奔跑和跳跃的愿望。旺盛的精力、爱玩的天性，以及喜欢撒娇的性格，使它们每天都需要得到主人的陪伴。购置一个能够让猫咪上蹿下跳的猫爬架也能有效地缓解曼基康猫运动量不足的问题，或者也可以考虑改变家里的布局，稍花心思腾出空间让它们随意奔跑。

饲养曼基康猫还需要注意的一点就是肥胖问题，特别是矮脚品种。哪怕只是胖了一点，也会给它的腰部带来过大的负担，而腰部损伤会直接影响其行走能力，最糟的情况是可能会引发腰椎间盘突出。

为了能让天生好动的曼基康猫一直健康快乐，积极管理好它们的饮食和运动量吧！

周围吵一点也不怕！

亲人

即使生活在大家庭里，或是需要和别的猫咪相处，曼基康猫也能很快适应。

因为喜欢跑来跑去，在公寓式住宅里饲养可能会给邻居带来麻烦，可以通过铺设地毯来降低猫咪的跑动声。

太胖会增加腰腿负担！

生病

体重的增长会加重腰腿上的负担，并可能引起腰椎间盘突出。

除腰椎间盘突出外，"软骨发育不良"（第83页）也是曼基康猫需要注意的疾病。这种由于遗传导致的腿关节出现肿胀疼痛的问题，目前还没有有效的预防措施。

布偶猫

对于喜欢抱抱的布偶猫来说，"布偶"这个名字可谓当之无愧。因为性格"安静""有耐心"，所以适合跟孩子或老人一起生活。

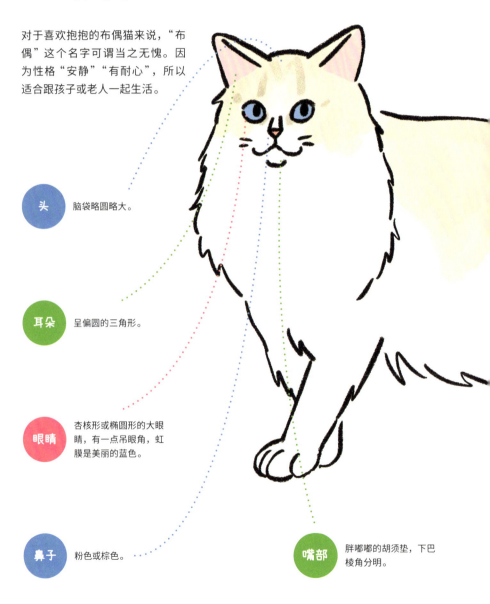

头 脑袋略圆略大。

耳朵 呈偏圆的三角形。

眼睛 杏核形或椭圆形的大眼睛，有一点吊眼角，虹膜是美丽的蓝色。

鼻子 粉色或棕色。

嘴部 胖嘟嘟的胡须垫，下巴棱角分明。

純种猫
布偶猫

尾巴
几乎与身躯同长，尾部末端较细，毛发浓密。

毛发
顺滑的双层护毛，下层毛较少。

身体
骨骼在猫咪中是最大号的，肌肉发达。

腿
长度适中，后腿稍微长于前腿。

肉垫
脚掌大而圆，肉垫是粉色的（绝大多数情况下与鼻头同色），其缝隙里会长出毛簇。

活跃性（活泼程度）	★★☆☆☆
亲近与疏离（喜欢主人的程度）	★★★★★
攻击性（干架气场）	☆☆☆☆☆
社交性（猫咪之间）	★★★☆☆
（对陌生人）	★★★☆☆

历史
毛绒玩具般的猫咪，
说不清来历的血统

顾名思义，"布偶"就是毛绒玩具的意思。布偶猫就像它们的名字一样，大大的，毛茸茸的，性格非常安静，而且喜欢被人抱着。

关于布偶猫的来历有很多种说法，不过有一点可以肯定，它们不是基因突变或自然产生的品种，而是人为培育出来的。比较可靠的说法是，布偶猫是20世纪60年代，由美国加利福尼亚的繁育者培育出来，随后普及开的。据说布偶猫的血统来自波斯猫（第114页）、缅甸猫和暹罗猫。当时异种交配在美国盛行，如今我们熟知的很多猫咪品种，都是在那个时期诞生的。

毛发
明亮的毛色
源于C基因的突变型

年幼时的布偶猫毛色整体呈白色，随着成长逐渐显现出双色、重点色和手套色等特征。无论哪种布偶的毛色都是偏明亮的，这是C（有颜色/重点色）基因的隐性基因（突变型）作用的结果。颜色的呈现方式会随基因型而改变，但总的来说，布偶猫是一种只有局部（如尾巴）拥有颜色的猫咪。

喜欢抱抱

毛绒玩具般的猫

老老实实让你抱，而且踏踏实实待在你怀里，一动不动。

由于是大型猫，成长速度要比其他品种缓慢，经过4年才能慢慢成熟。其中不乏一些体重超过10千克的"大崽子"。

布偶的毛色种类

重点色

面部中央，以及四肢、尾巴等身体末端颜色较深。

手套色

下巴、肚子和脚是白色的。整体来看，就好像一只猫咪踩进了白色的颜料里。

双色

白色部分的面积比手套色大，有色与白色的部分界线分明。从脚尖到肚子都是白色的，脸是"八字脸"。白色范围更大的双色布偶猫，也被称为"梵色"。

C基因的隐性基因有4种：只有面部和尾巴毛色较深的暹罗型（c^s）（第141页）、躯体颜色同样较深的缅甸型（c^b）、全身没有颜色的白化型（c），以及蓝眼睛的白化型（c^a）。布偶猫属于暹罗型。

颜色的呈现方式

山猫纹

有颜色的部分是条形的。

玳瑁色

有颜色的地方是两种颜色混合在一起的。

性格与健康 **沉甸甸的，抱在怀里非常满足！**

当你抱起布偶猫时，它们就像把自己交给了你一样，对你表现出完全的信任。布偶猫的体形属于"长而健硕型"（第101页），有着宽大的骨架和紧实的肌肉。虽然抱起来沉甸甸的，但主人获得的幸福感却似乎会随着那份沉重而增长。

布偶猫性情温顺，非常有耐心，猫咪骄纵的脾性在它们身上并不明显。由于很少激烈地玩耍，布偶猫很适合跟老年人以及小孩子生活在一起。

虽然性格安静，布偶猫却有着猫咪中最大号的体格，因此它们需要的运动量其实非常大。为了不让它们巨大的身躯始终处于"闲置状态"，主人需要尽量每天陪它们玩耍，同时确保它们拥有自主活动的空间。如果打算安装猫爬架，可以选择能够承受住它们重量的、相对低矮而稳定的款式。

布偶猫通常很少患遗传病，不过考虑到它们继承了波斯猫的血统，多少会有一些患心肌肥大（第71页）的风险，因此平时就要注重运动及饮食管理，以免它们长得太胖。另外，长毛品种还需要每天梳毛（第89页），以免它们患上皮肤病或毛球症。

纯种猫
布偶猫

性情温和，不爱活动

安静的性格

由于不爱激烈玩耍，适合氛围宁静的家庭，比如适合没有孩子的夫妇饲养。

布偶猫虽然需要经常活动，但却有不爱动的性格，因此需要主人陪着一起玩，才能有效避免运动量不足的情况。

猫咪的6种体形

猫的体形可以分为以下6种。对于纯种猫来说，每个品种都有固定的体形标准。

短胖型

胖墩墩的体形，四肢和躯体都很短，尾巴也偏短，浑身上下都圆咕隆咚的。
代表品种：异国短毛猫、波斯猫、缅甸猫、喜马拉雅猫、马恩岛猫

半短胖型

与短胖型相比，四肢和尾巴略长，身材也更紧致。
代表品种：美国短毛猫、英国短毛猫、苏格兰折耳猫、新加坡猫

异国型

精瘦，身形修长，整体线条略显圆润。在脸型的衬托下，耳朵有点大。
代表品种：俄罗斯蓝猫、阿比西尼亚猫和索马里猫

半异国型

体形介于短胖型与东方型之间。
代表品种：曼基康猫

东方型

最修长的体形，四肢、躯体和尾巴都是细细长长的，下巴很小，耳朵很大。
代表品种：暹罗猫

长而健硕型

与其他体形的猫咪相比，体格要大很多，不是一个级别的。骨骼健壮，肌肉发达，部分品种的体重可达10千克。
代表品种：缅因猫、挪威森林猫、布偶猫

大型猫，多次被认证为"世界上最长的猫"

缅因猫

长着一身华丽浓密的毛发，是美国较古老的猫咪品种之一。由于性情沉稳且温顺，也被称为"温柔的大猫"。

头 脑袋较大，脸型略长。

耳朵 大耳朵，耳根较宽。尖尖的耳朵。

山猫耳簇 耳朵尖上的"山猫耳簇"是一种点缀。

眼睛 大大的椭圆形，间距较大。虹膜颜色因毛色而异。

鼻子 有粉色、橘色等多种颜色，因毛色而异。

柔和的曲线 鼻梁微微凹陷，酷似缅因猫的挪威森林猫则没有这一特征。

嘴部 口鼻部从侧面看呈长方形，下巴棱角分明。

尾巴 尾巴比身躯还长，根部较粗，尖部较细，长着浓密的毛。

毛发 下层毛的毛量很少，上层毛可以防水。一身蓬乱的长毛也被称为"毛茸茸的外套"。

身体 身形庞大，腰部与肩同宽的矩形身材。除了"世界上最长的猫"这一称号外，还拥有多项吉尼斯世界纪录。

腿 较粗壮，肌肉发达。长度适中，强壮有力。

肉垫 又大又圆的脚掌，肉垫缝隙里生有浓密的毛簇。肉垫颜色因毛色而异。

活跃性 （活泼程度）		★★☆☆☆
亲近与疏离 （喜欢主人的程度）		★★★★★
攻击性 （干架气场）		★☆☆☆☆
社交性	（猫咪之间）	★★★★☆
	（对陌生人）	★★★☆☆

历史
在大自然中艰苦求生，
美国较古老的猫咪品种之一

从猫咪宠物展览的黎明期就开始大放异彩的缅因猫，是美国较古老的猫咪品种之一[1]。缅因猫也是美国缅因州的州猫，其名字的原意为"缅因州的浣熊"。

关于缅因猫的起源可谓众说纷纭，有人说它们是缅因州的本土猫与欧洲长毛品种杂交的后代，也有人说它们是猫咪与浣熊结合的产物。其中比较有名的说法是，缅因猫的祖先是法国国王路易十六的妻子玛丽·安托瓦内特逃亡至缅因州时带来的猫咪。

原产于美国缅因州的猫咪

缅因州
位于美国东海岸，东临大西洋。缅因猫的祖先也许是漂洋过海而来的。

州猫
缅因猫被指定为缅因州的州猫。

原产于美国的猫咪有很多种，但冠以州名的猫咪只有缅因猫。

---

① 原产于美国的古老品种并非只有缅因猫，还有美国短毛猫等。

与挪威森林猫在相貌上的差异

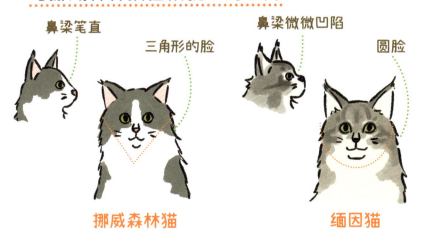

鼻梁笔直　　三角形的脸　　鼻梁微微凹陷　　圆脸

挪威森林猫　　　　　　**缅因猫**

两者同属于大型、长毛品种，但外貌特征并不相同。

毛发　从头到尾都长着浓密的长毛

　　缅因猫是需要3年时间才能长成成猫的大型品种，体长可达1米，尾巴也很长。肌肉发达的身体上覆盖着浓密的毛发，那强健与优美的身姿，让人仿佛看到了它们在美国东北部严酷的大自然中艰苦求生的风采。

　　缅因猫的毛色和花纹样式十分丰富。潦草的毛发就像一件毛茸茸的外套，由不多的下层毛和覆盖其上的浓密上层毛构成。

性格与健康 ## 和所有人都能成为朋友

性格温和是缅因猫的一大特点，正因如此，它们被称为"温柔的大猫"。不仅和人类，和其他猫咪以及犬类也能建立起友好的关系，这样的性格使缅因猫可以适应任何家庭环境。饲养过的人都说它们非常聪明，而且容易训练。

缅因猫身材高大，体力也很充沛，特别是在成长阶段，要保证家里有足够大的空间供它们玩耍。缅因猫总体来说是属于安静的猫咪类型，成年的雌性相对来说会活泼一点，雄性会更稳重。相比高处，很多缅因猫更喜欢待在地面上，因此在猫爬架的选择上，较低矮的款式或许更能讨它们欢心。

饮食方面，由于巨大的身躯带来了较大的能耗，缅因猫需要进食高蛋白食物。但是一定要注意不能让它们长太胖，否则对骨骼和关节会造成很大负担。控制饮食、多运动、减少环境带来的压力，这些都是它们健康成长的必要条件①。

此外，由于缅因猫是长毛品种，毛发容易打结，一定要经常打理（第89页）。为了使其保持毛发靓丽，也为了增进和猫咪之间的感情，坚持每天给它们梳理毛发吧！

---

① 有报告指出，缅因猫易患心肌肥大和肾囊肿这两种遗传性疾病，目前尚未找到有效的预防办法。

对谁都很温柔友善

与充满野性的外表相反，缅因猫性情温和且稳重，被称为"温柔的大猫"，就连叫声也很小。

猫咪之间
和其他猫咪也能搞好关系。

喵～

性格
无论与男女老少还是犬类，都能和睦相处。

能让大型猫咪感到自在舒适的环境

家具
集中在房间里的某个区域。

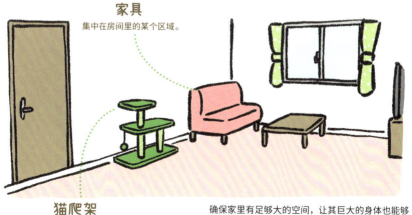

猫爬架
推荐稳定性好、高度较矮的款式。

确保家里有足够大的空间，让其巨大的身体也能够通行无阻，这样猫咪才不会积攒压力。

英国短毛猫

体形敦实、拥有美丽蓝色毛发的
英国短毛猫也叫英国蓝猫。虽
然是一种"重感情"的猫咪，但
也有喜欢独处的一面。

耳朵 较小，让人感觉两只
耳朵离得很远。

眼睛 又大又圆，间距较大，
虹膜大多为金色或铜
色，因毛色而异。

鼻子 颜色多种多样，因毛
色而异。

嘴部 长着大鼻孔和圆
乎乎、肥嘟嘟的
胡须垫。

下巴 雄性容易长出双
下巴。

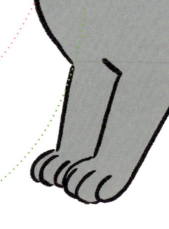

头 较大，无论从哪个角度看都是圆的。

尾巴 略短，大约为体长的三分之二，根部较粗，强壮有力。

毛发 短毛，双层护毛，毛发密集、厚实，有光泽。

身体 中型到大型的体格，敦实的半短胖型（第101页）身材。

腿 粗短，和敦实的身形凑在一起感觉非常萌，脚掌又大又圆。

肉垫 有很多种颜色，因毛色而异。

活跃性（活泼程度）	★★★☆☆
亲近与疏离（喜欢主人的程度）	★★★★★
攻击性（干架气场）	★★☆☆☆
社交性（猫咪之间）	★★★☆☆
（对陌生人）	★☆☆☆☆

历史 《爱丽丝梦游仙境》中 柴郡猫的原型

英国短毛猫就像它的名字一样是来自英国的猫咪，而且是猫咪中古老的品种之一[①]。

敦实的体态，圆圆的脸蛋，以及像毛绒玩具一样粗胖的四肢都非常招人喜欢。虽然是自古就生活在英国的本土猫，但从 20 世纪初开始与波斯猫进行交配，便逐渐变成了现在的体形。

别看英国短毛猫身形圆润，它的运动能力却十分优秀，想必它们曾经也是驱除害兽、保护庄稼，在英国大显身手的可靠猎手。

柴郡猫就是英国短毛猫

柴郡猫 文学作品中的虚构角色，是一只咧着嘴笑的猫，会说话，拥有凭空出现或消失的能力。

柴郡猫是童话故事中虚构出来的猫咪，咧着嘴笑的柴郡猫不但会说话，还拥有凭空出现或消失的能力。敦实可爱的英国短毛猫据说是刘易斯·卡罗尔（Lewis Carroll）撰写的《爱丽丝梦游仙境》中柴郡猫的原型。

---

① 原产于英国的品种还有苏格兰折耳猫（第78页）、波斯猫（第114页）等。

毛发

浅色的毛发是由
隐性D基因（突变型）决定的

英国短毛猫的短毛发像天鹅绒一样柔软顺滑。多种毛色里最有名的无疑是蓝色（灰色）的品种，这种英国短毛猫也被称为英国蓝猫。

蓝猫的毛色偏淡，是因为D（淡化）基因的隐性基因（突变型，第74页）会阻碍色素被运送至毛发尖端。除蓝色外，英国短毛猫还有许多种毛色和花纹，其中棕色系的个体同样会因为D基因（隐性）的作用而变成淡色（奶油色）。英国短毛猫的"长毛版本"是英国长毛猫，这是它们经认证的官方名称。

在D基因（突变型）的
作用下毛色整体偏淡

奶油色
携带显性O基因时毛色为棕色，在此基础上加入dd基因，棕色就被稀释成了奶油色。

蓝色
携带显性B基因时毛色为黑色，同时携带dd基因的话，黑色就会被淡化成蓝色（灰色）。

英国短毛猫经过杂交后拥有了多种毛色及花纹，其中，同时拥有三种毛色并且携带D基因（一对隐性d）的浅三花英短非常受欢迎。

性格　独立、沉稳、重感情

因为体形较大，需要花两年时间才能长成成猫。英国短毛猫继承了祖先作为优秀猎手的血统，不过它们的性格大都比较稳重。英国短毛猫和主人之间能够培养出深厚的情感，并且对主人非常忠诚，一旦建立起信赖关系，终生不会动摇。不过，它们可能不太喜欢过度的亲密接触，也不怎么喜欢被抱起来。因此，主人记得要为它们创造一些独处的时间。

由于性格独立、稳重，英国短毛猫是可以被留在家里看家的。无论是第一次养猫的人，还是独居人士，或是有小孩的家庭，都可以放心饲养。英国短毛猫不喜欢陌生人，家里常来客人的话，应注意不要给它们造成太大压力。

健康　又大又圆的身体
让肥胖不易被察觉

英国短毛猫优秀的捕猎能力源于发达的肌肉，而要想维持这身肌肉，就要在它们的餐食中增加高蛋白食物，并且要经常用逗猫棒陪它们玩，猫爬架也是必需品。安静的性格使它们很容易造成运动量不足，为它们准备一个能够充分运动的环境吧！

很多雄性英国短毛猫都长出了双下巴，但不能因为可爱就任由它们一直胖下去啊！

独自看家也没问题

独处时间
性格独立，可以放心
把它们留在家里。

留猫咪独自看家时，建议事先规划好猫咪的活动范围，并把它们
可能误食的东西收拾起来，以免发生意外。

双下巴很可爱，但要小心过度肥胖

下巴
明显的双下巴是
肥胖的信号。

脖子
比其他品种猫短。

猫咪也有血型（A型、B型、
AB型）。总的来说A型的
个体占绝大多数，但英国短
毛猫是B型居多。万一遇到
需要输血的情况，了解猫咪
的血型会比较好办。

拥有可爱的脸蛋和丝绸般的毛发，是猫咪中的"王族"

波斯猫

毛发的丰厚程度是猫界之最！独特的"塌鼻子"和温文尔雅的性格让它们受到世界各地人们的宠爱。

耳朵 耳朵比非纯种猫小，尖部是圆的，间距较大。

波斯猫

非纯种猫

头 大小中等或偏大，较圆，脸型较宽。

眼睛 又大又圆，间距较大。虹膜颜色多样，因毛色而异。

口鼻

口鼻部宽而扁平。鼻孔较大，上翻。鼻头的颜色因毛色而异。

纯种猫
波斯猫

尾巴 相对于身体而言又短又粗,长长的毛发看上去浓密而蓬松。

毛发 浓密蓬松,如丝绸一般顺滑。

身体 中等、结实的体形,体长较短,身体厚实,属于短胖型(第101页)。

腿 腿较短,但骨骼强壮,肌肉发达,脚掌大而圆。

肉垫 颜色多样,因毛发而异。

活跃性 (活泼程度)	★★☆☆☆	
亲近与疏离 (喜欢主人的程度)	★★★★☆	
攻击性 (干架气场)	★☆☆☆☆	
社交性	(猫咪之间) ★★★☆☆	
	(对陌生人) ★★☆☆☆	

历史

华丽高贵的波斯猫是
世界上古老的品种之一

波斯猫是世界上古老的品种之一。有观点认为，公元前的象形文字中出现的长毛猫就是波斯猫。

波斯猫的起源可谓众说纷纭。有人认为它们曾是波斯帝国（现今的伊朗）的交易品，在通商过程中被带到了世界各地，因此叫波斯猫。不过，近年来的基因研究显示，波斯猫也可能起源于西欧。18世纪时，波斯猫曾作为宠物猫备受欧洲上流社会人士的喜爱，并在当时英国的猫咪宠物展览上留下了记录。

备受上流阶层的宠爱

奢侈品
波斯猫深受西欧贵族们的喜爱。

和闪耀的宝石、贵金属、昂贵的香料一同属于当时的奢侈品。

毛发

通过品种改良
诞生出多样的毛色

　　波斯猫的毛发纤细柔顺、浓密而蓬松，毛量在所有长毛品种当中是最多的。毛色曾以纯白色为主流，20世纪从英国引入美国后，在品种改良的过程中诞生出多样的毛色[1]。

　　以我们熟悉的"金吉拉猫"为例，"金吉拉猫"其实并非一个单独的品种，而是波斯猫的一个毛色分支。这类毛色被称为"毛尖色"（Tipped Color），特点是毛发尖端的颜色较深，在各种各样的毛色中，最受欢迎的一种是白毛黑尖的"金吉拉银"。

波斯猫多样的毛色

毛尖色　根据毛尖色所占的比例有3种叫法。
只有尖端为深色　50%为深色　75%为深色
金吉拉　阴影色　烟色

金吉拉银

双色

波斯猫的花纹样式除纯色外，还有斑纹、双色、三花等。毛色除白、蓝、红、奶油色外，还有金色和银色。

① 波斯猫引入美国后与多个品种进行杂交，先后诞生出喜马拉雅猫、异国短毛猫、米努特猫等多种纯种猫。

性格

性情温柔和顺，
稍加心思就能养得很好

　　总的来说，波斯猫是一种性情温和、非常容易饲养的猫咪，主人只要稍加心思就能把波斯猫养得很好。也许小的时候有些活泼，但是成年以后便不再吵闹，就连叫声也很小，适合公寓式住宅饲养。

　　波斯猫喜欢在安静的地方自己静静地待着，因此，如果是和一大家子人住在一起，经常被人打扰，可能会积攒很多压力。不过，这种踏实的性格也让它们适合与任何品种的猫咪一起饲养。

不喜欢人多，但猫多没问题

毛色为金色或银色的波斯猫，性格比较活泼，也比较高傲。

不喜欢高处

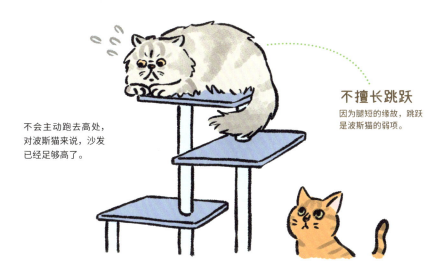

不会主动跑去高处，对波斯猫来说，沙发已经足够高了。

不擅长跳跃
因为腿短的缘故，跳跃是波斯猫的弱项。

比起高处，
更需要平坦宽敞的空间

　　波斯猫的运动能力非常一般。较大的体形加上较短的四肢，使得波斯猫并不擅长往高处跳。因此，相比上蹿下跳，它们更需要一个平坦、宽敞的空间。为避免其运动量不足，这个需求还是应尽可能满足。

　　它们的毛发需要经常用梳子梳理，这样才能保持美丽（必要时可以使用香波）；再有就是饮食要注意营养均衡，这样不但能让毛发有光泽，还能防止肥胖。

孟加拉猫

是野生豹猫与家猫的混血儿。
毛发上的豹纹令人印象深刻，
和充满野性的外表相反，孟加
拉猫非常"爱撒娇"！

眼睛 大大的椭圆形，间距较
大。虹膜一般为金色
或绿色，部分雪色毛发
的个体是蓝眼睛的。

鼻子 宽而挺拔，鼻头为粉
色、红褐色或黑色。

肉垫

颜色大多与鼻头一
致，但也有不一样
的情况。

嘴部 口鼻部较宽，下颚线条
强壮有力。

耳朵 小小的三角形，从侧面看有些许向前倾。

尾巴 中等长度，越接近末端越细。

毛发 长着豹纹的毛发，浓密而柔顺，手感丝滑。因为是单层护毛，相对来说不怎么掉毛。

身体 体形较长，肌肉发达。

腿 中等长度，后腿长过前腿。脚掌大而圆，关节部位粗大显眼，感觉充满野性。

活跃性 （活泼程度）	★★★★★
亲近与疏离 （喜欢主人的程度）	★★★★★
攻击性 （干架气场）	★★★☆☆
社交性 （猫咪之间）	★★★★★
社交性 （对陌生人）	★★★★☆

野猫和家猫的"混血儿"

　　孟加拉猫是拥有迷人豹纹和美丽毛色的猫咪。这一品种的诞生可追溯到1970年的美国。在研究人类白血病的过程中，科学家们尝试将亚洲豹猫这种被认为不易患白血病的野猫与家猫交杂。其后，它们的后代又在人为干预下反复与各个品种的猫咪进行杂交，最终诞生了现在的孟加拉猫。

　　孟加拉猫的斑纹虽然统称为豹纹，个体之间却有着斑点状斑纹或大理石纹斑纹等样式上的差异。

野生豹猫与家猫的后代

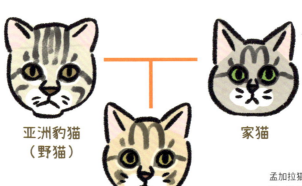

亚洲豹猫
（野猫）

孟加拉猫
（家猫）

家猫

孟加拉猫的祖先亚洲豹猫是一种野猫，身上长着独特的斑点状花纹。所谓野猫，是对所有野生猫科猫属动物的统称。

毛发 **独一无二的豹纹**

　　孟加拉猫身上这种形状较大、边缘为深色的斑点有一个美丽的名字，叫玫瑰纹。家猫中只有孟加拉猫拥有这种斑纹。孟加拉猫的毛色以棕色为主，近年来也出现了银色和雪色的毛发。常见的孟加拉猫都是短毛的，长毛品种叫"孟加拉长毛猫"。

　　孟加拉猫身上形状各异的花纹，似乎并非某一种特定基因的作用结果。不过，最新研究表明，孟加拉猫携带的A基因（第10页）与其祖先亚洲豹猫（野猫）是完全一致的。

独特的"豹纹"

大理石纹
像大理石纹路一样的
旋涡状斑纹。

斑点
单色的斑点状斑纹。

玫瑰纹
镶了深色外框
的斑点。

独特的玫瑰纹也分很多种
形状，比如甜甜圈形、糕
饼形、脚印形等。

性格与健康 **与野猫同等的运动量，**
与家猫同样的亲和感

　　孟加拉猫似乎很好地继承了其祖先豹猫的花纹与身体素质。它们性格活泼，运动量极大，不仅喜欢肆意奔跑，上蹿下跳的意愿也十分强烈。

　　另一方面，孟加拉猫也是温柔和爱撒娇的。这可能是因为它们曾与多种家猫交配，从而变成了适合与人类一起生活的性格。孟加拉猫大多重感情，而且十分亲人，因此，无论是大家庭还是有小孩的家庭都可以放心饲养，它们会成为你亲密的家人和玩伴。此外，孟加拉猫跟其他猫咪和犬类也能相处得很好，一起饲养也完全没问题。

　　孟加拉猫的脸是瘦瘦的倒三角形，因此常被认为是一种身材纤细的猫咪，但事实上它们相当壮实。体形为中到大型，雄性的体重有时可达8千克。

　　说到孟加拉猫的体貌特征，除了标志性的豹纹外，当然也少不了那一身触感如丝绸般顺滑的毛发。要想让这身毛发保持艳丽，经常梳毛是不二的秘诀。

　　孟加拉猫在一众猫咪中是出了名的"不怕水"。虽说猫咪普遍不爱沾水，但孟加拉猫的祖先豹猫是喜水的，甚至会在水中捕猎，这大概就是孟加拉猫不怕水的原因吧！

纯种猫
孟加拉猫

能让野性释放的环境

环境
最好能有一个宽敞的空间，再搭配上猫台阶或较高的猫爬架。

孟加拉猫虽然不会主动要求亲密接触，但却很喜欢与人玩耍。推荐给那些喜欢跟猫咪尽情玩耍的"铲屎官"们。

对水没有抗拒心理

玩水
孟加拉猫大多不怕水，给它们洗澡会很省力。

都说怕水才是猫，但也有喜水的品种。除孟加拉猫外，喜水的猫咪还包括缅因猫（第102页）、阿比西尼亚猫（第126页）、索马里猫（第127页）和新加坡猫（第144页）。

> 短毛的是阿比西尼亚猫，
> 长毛的是索马里猫

阿比西尼亚猫和索马里猫

拥有柔顺的毛发和柔软的身体，除毛发长度有所差异外，阿比西尼亚猫和索马里猫几乎一模一样。与超强的体能和充沛的精力形成鲜明反差的，是它们娇柔可爱的叫声。

尾巴

根部粗，尖端细，阿比西尼亚猫的尾巴看上去又细又软。索马里猫的尾巴像狐狸尾巴一样毛发浓密。

活跃性（活泼程度）	★★★★★
亲近与疏离（喜欢主人的程度）	★★★★★
攻击性（干架气场）	★★☆☆☆
社交性（猫咪之间）	★★★☆☆
社交性（对陌生人）	★★★☆☆

身体

纤细、柔软、肌肉发达，体形属于瘦长的异国型（第101页）。索马里猫看上去很大只，抱起来却会让人惊呼："好瘦！"

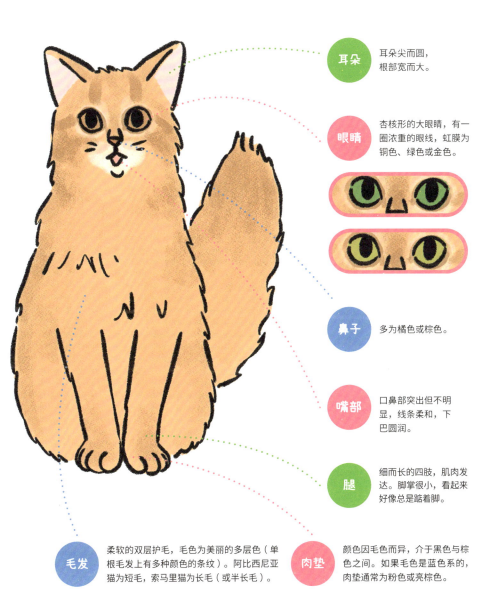

耳朵
耳朵尖而圆，
根部宽而大。

眼睛
杏核形的大眼睛，有一
圈浓重的眼线，虹膜为
铜色、绿色或金色。

鼻子
多为橘色或棕色。

嘴部
口鼻部突出但不明
显，线条柔和，下
巴圆润。

腿
细而长的四肢，肌肉发
达。脚掌很小，看起来
好像总是踮着脚。

毛发
柔软的双层护毛，毛色为美丽的多层色（单
根毛发上有多种颜色的条纹）。阿比西尼亚
猫为短毛，索马里猫为长毛（或半长毛）。

肉垫
颜色因毛色而异，介于黑色与棕
色之间。如果毛色是蓝色系的，
肉垫通常为粉色或亮棕色。

历史

阿比西尼亚猫和
索马里猫其实是同一种猫？

　　长着一双大眼睛的阿比西尼亚猫身体柔软灵活，小小的脚掌走起路来好像在跳舞一样，这让它们被赋予"芭蕾猫"的别名。

　　由于长相酷似古埃及壁画中描绘的神猫，阿比西尼亚猫被认为是古老的家猫品种之一，不过，它们的起源一直是个谜。迄今为止，人们都倾向于认为阿比西尼亚猫产自英国人发现它们的地方——阿比西尼亚（今埃塞俄比亚），不过最近的基因研究显示，阿比西尼亚猫很可能起源于印度或东南亚。

　　阿比西尼亚猫于1917年在美国获得了品种认证，而索马里猫作为一个品种确立下来则是在半世纪以后。

　　事实上，阿比西尼亚猫曾多次产下基因突变的长毛幼崽，但碍于"只有短毛才符合品种标准"的认证规则，长毛品种在很长一段时间内没有被公布于世。直到1963年，来自加拿大的一位繁育者携长毛品种亮相猫咪宠物展览，其美丽的长毛一举掳获了众人的芳心。就是从那时起，人们开始大量繁育长毛的阿比西尼亚猫，并赋予了它们"索马里猫"这一独立的品种名称。

　　换句话说，阿比西尼亚猫和索马里猫除毛发长度有区别外，几乎就是同一种猫咪[①]。

---

① 在认证标准上，阿比西尼亚猫必须父母双方都是阿比西尼亚猫才能获得认证，索马里猫则是父母中的一方是阿比西尼亚猫便能获得认证。

索马里猫诞生的故事

阿比西尼亚猫

长毛的崽不是阿比西尼亚猫

1963年，加拿大的繁育者

长毛的崽也很可爱，带它去猫咪宠物展览吧

阿比西尼亚猫

索马里猫

短毛的是阿比西尼亚猫，长毛的是索马里猫

"索马里"这个名字据说取自阿比西尼亚（今埃塞俄比亚）的邻国索马里。如今，索马里猫凭借其"狐狸一般的外形"已成为一个人气颇高的品种。

毛发

孕育出复杂美丽的"多层色"

阿比西尼亚猫和索马里猫都携带了"多层色"基因，即单根毛发上有呈条纹状分布的多种颜色，从根部到尖端逐渐变深。不过从整体上看，这两种猫咪的身上并没有明显的斑纹。由于多种颜色错综复杂地交织在一起，毛发的色泽会随着光线的变化以及猫咪的动作而产生不一样的效果，显得异常美丽。索马里猫因为是长毛品种，其毛色更加复杂多变。

除了最经典的红褐色外，常见的毛色还包括肉桂色、蓝色，以及拥有驼色护毛的小鹿色。

美丽的"多层色"

多层色
根部浅，尖端深，呈条纹状分布。

细纹斑
身上的毛发为多层色。四肢和尾巴上偶尔会呈现出淡淡的条纹。

"多层色"是由T（斑纹）基因中阿比西尼亚型的显性基因Ti^A带来的。小鹿色和蓝色的阿比西尼亚猫，似乎额外携带了一对隐性B（黑色）基因（bb）或一对隐性D（淡化）基因（dd）。

性格与健康 有着银铃般的叫声，好奇爱动、活力无限！

阿比西尼亚猫和索马里猫是非常活泼的猫咪。紧致的身形加上好奇的天性，让它们玩耍起来乐此不疲。在家饲养时，最好能有足够大的空间供它们到处活动，另外像猫爬架这样的装备建议"一股脑"地购买。

与旺盛的精力形成强烈反差的，是它们轻柔动听的叫声，用"银铃般的声音"来形容也不为过。考虑到它们头脑聪明故而好调教，无论是第一次养猫的人，还是独居人士或老年人都能轻松饲养。

不过，阿比西尼亚猫和索马里猫在性格上是有点"神经质"的，因此不太适合跟其他品种的猫咪养在一起。它们一旦跟人熟络了就很会撒娇，把它们当成家里的"独苗"来疼爱或许也是个不错的选择。

话虽如此，可也不能太惯着它们，给它们太多东西吃。为了保持身形纤细柔软，主人一定要打起十二分精神，防止猫咪肥胖。

此外，据说很多阿比西尼亚猫和索马里猫都是不怕水的，如果不想家里被搞得到处是水，最好不要为它们玩水创造条件。如果家里有水池或大水缸，要注意及时盖上盖子，以免猫咪捣蛋从而引发意外事故。

波斯猫的"短毛版"

异国短毛猫

波斯猫的杂交品种，拥有多样
的毛色和花纹，继承了波斯猫
的塌鼻子和稳重的气质，似乎
有点"嫉妒心强"？！

耳朵 小耳朵，耳尖是圆
的，和波斯猫一样
间距较大。

眼睛 又大又圆，间距较大，
虹膜大多为铜色，因毛
色而异。

口鼻 短鼻子，大鼻孔，下巴
又大又结实，鼻头的颜
色因毛色而异。

肉垫 有很多种颜色，因毛色而异。

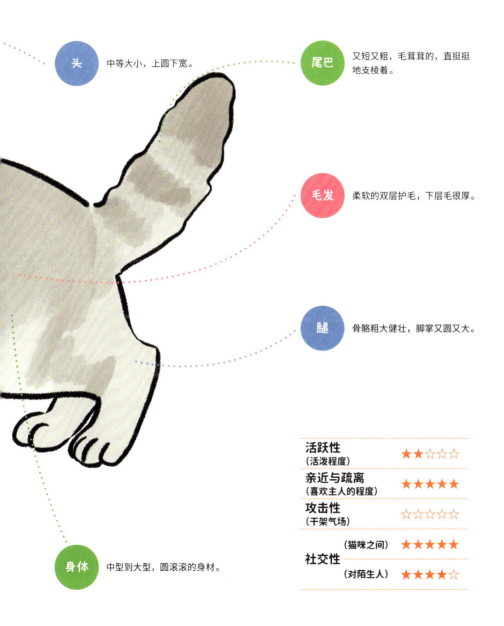

头 中等大小，上圆下宽。

尾巴 又短又粗，毛茸茸的，直挺挺地支棱着。

毛发 柔软的双层护毛，下层毛很厚。

腿 骨骼粗大健壮，脚掌又圆又大。

身体 中型到大型，圆滚滚的身材。

活跃性（活泼程度）	★★☆☆☆
亲近与疏离（喜欢主人的程度）	★★★★★
攻击性（干架气场）	☆☆☆☆☆
社交性（猫咪之间）	★★★★★
（对陌生人）	★★★★☆

历史 ## "无敌"可爱，
全世界都喜爱的塌鼻子猫咪

异国短毛猫是一个比较新的品种，正式开始繁育是在20世纪60年代。

当时人们热衷于将波斯猫与其他品种进行杂交，异国短毛猫据说是波斯猫（第114页）混合了英国短毛猫（第108页）、美国短毛猫（第66页）和缅甸猫等品种的血统之后确立下来的。

惹人喜爱的塌鼻子和玻璃球一样的眼睛同它们的祖辈波斯猫十分相似，而那一身短毛又要比波斯猫更容易打理。

波斯猫与其他品种的"混血儿"

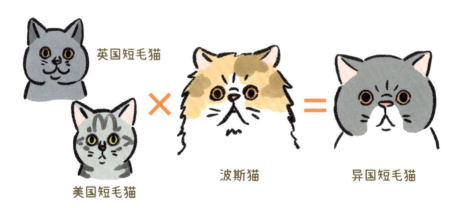

英国短毛猫

美国短毛猫

波斯猫

异国短毛猫

从猫咪宠物展览的诞生之初到现在，波斯猫始终保持着超高人气，为了增加其美丽毛发的样式，人们曾致力于将波斯猫与其他品种进行杂交。

两种类型的塌鼻子

传统型

相对来说眼睛离鼻子较远，
塌鼻子的程度不明显。

极端型

眼睛离鼻子更近，刻意追求
塌鼻子的结果。

这种非常有特点的鼻子是由于软骨发育不良（第83页）造成的，视鼻梁的塌陷程度可分为传统型和极端型两种。虽然看起来可爱，但作为其成因的软骨发育不良却是一种可能引起关节炎等多种症状的疾病。近年来，从伦理角度出发，繁育时会极力避免后代遗传这种疾病。

 毛发 **乖乖地交给主人打理**

由于曾有过异种交配的历史，异国短毛猫的毛色非常多样，包括单色、双色、三花，以及各式各样的斑纹。异国短毛猫偶尔也会生出长毛幼崽，这是控制毛发长度的L基因（携带一对隐性基因）作用的结果[①]。

无论是哪种毛色和长度，全身又细又密的毛发摸上去都松软无比。为了让毛发保持美丽，经常梳毛是必不可少的，好在性情温顺的异国短毛猫会毫无保留地把自己交给主人打理——就连剪指甲和洗澡都让人很省心。

---

① 偶尔会产下长毛幼崽，但认证机构对其品种的定义却很模糊，可能被当作异国短毛猫的长毛品种，也可能被当作波斯猫来看待。

与任何人都能
和睦相处的友善猫咪

异国短毛猫遗传了波斯猫的性格，安静又重感情。因为很少剧烈地跑动，它们可以说是很容易饲养的品种之一，无论是有小孩的家庭还是一个人住，都没问题。而且因为它们的叫声很小，很适合在公寓里饲养。

异国短毛猫性情温和，同别的猫咪也可以相处得很好，不过它们也有"嫉妒心强"的一面，如果看到心爱的主人正在宠爱别的猫咪，可能会向主人投去充满怨念的眼神。不过爱猫人士也许巴不得能获得猫咪的这种待遇呢！

异国短毛猫的运动量不大，不过因为贪吃很容易长胖，需要有意识地多用逗猫棒陪它们玩耍。鉴于它们不擅长爬高，可以在家里准备一个较矮的猫爬架，为它们创造一个能安心休息的场所。

此外，塌鼻子虽然是异国短毛猫的一大特征，却容易引起鼻泪管狭窄（泪道变窄）的问题，从而使它们经常流泪、眼屎增多，严重时还会导致眼周发炎。

对人和猫咪都很友善，有时嫉妒心强

嫉妒心强

同时养好几只猫咪时，如果发现主人关注别的猫咪，就会"妒"火中烧。

嫉妒心太重的话，可能会影响到猫咪的身体健康，或导致不良行为。出现轻咬、故意捣乱、在远处注视等行为，这些都可能是嫉妒的信号。

小心该品种特有的疾病！

眼病

平时留意观察眼部是否存在异常。

眼部护理

眼睛很脆弱，眼屎太多的话，可以用纸巾或湿巾轻轻擦拭。

除鼻泪管狭窄外，塌鼻子的猫咪还容易患"短头呼吸道综合征"，这是一种因鼻腔狭窄而导致呼吸困难的先天性疾病。安静、凉爽的生活环境可以避免症状加重。

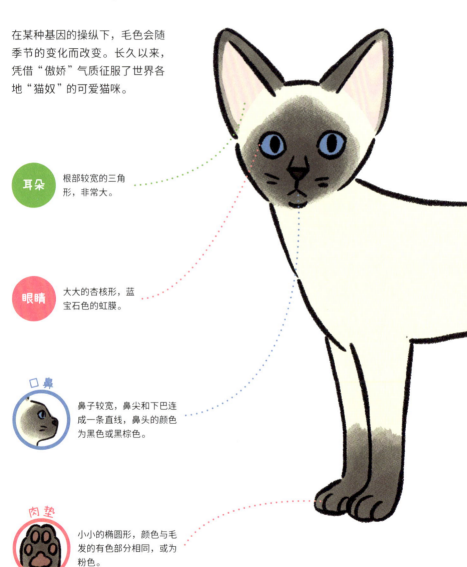

只有耳郭边、脸上、尾巴上
和脚上有颜色

暹罗猫

在某种基因的操纵下，毛色会随
季节的变化而改变。长久以来，
凭借"傲娇"气质征服了世界各
地"猫奴"的可爱猫咪。

耳朵 根部较宽的三角形，非常大。

眼睛 大大的杏核形，蓝宝石色的虹膜。

口鼻 鼻子较宽，鼻尖和下巴连成一条直线，鼻头的颜色为黑色或黑棕色。

肉垫 小小的椭圆形，颜色与毛发的有色部分相同，或为粉色。

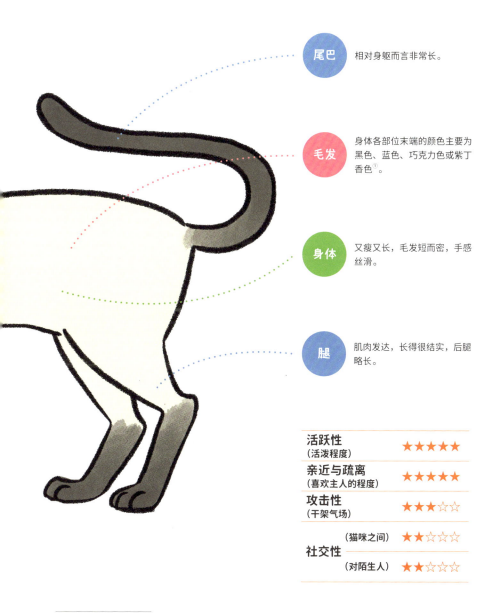

尾巴 相对身躯而言非常长。

毛发 身体各部位末端的颜色主要为黑色、蓝色、巧克力色或紫丁香色[①]。

身体 又瘦又长，毛发短而密，手感丝滑。

腿 肌肉发达，长得很结实，后腿略长。

活跃性（活泼程度）	★★★★★
亲近与疏离（喜欢主人的程度）	★★★★★
攻击性（干架气场）	★★★☆☆
社交性（猫咪之间）	★★☆☆☆
社交性（对陌生人）	★★☆☆☆

① 巧克力色和紫丁香色是B（黑色）基因突变型作用的结果。隐性B基因有b和b¹两种，bb和bb¹表达为淡巧克力色，b¹b¹则是更淡的紫丁香色。

高贵、优雅，自古以来
受到世界各地人们的喜爱

暹罗猫是一个历史悠久的品种，据说从 500 多年前开始就在泰国的皇宫里尽享荣华富贵。其被欧洲所了解是在 19 世纪末 20 世纪初，暹罗猫作为纯种猫的代表，在世界各地的人气开始飙升，受到越来越多地区人们的喜爱。

暹罗猫身形苗条、柔软。据说它们原本圆圆润润的，在繁育过程中逐渐变成了现在的样子。只要你抚摸过它们那身丝滑的毛发，看到过那双蓝宝石般的眼睛和优雅的身姿，自然会明白它们为何能跨越世纪始终深受人们的喜爱。

泰国皇宫里的宠猫

皇族的猫
在过去，只有泰国的皇族能够饲养。

暹罗猫的名字取自泰国的旧称"暹罗"。

毛发

只有身体末端为深色，
是C基因突变的结果

说到暹罗猫，其最大的特点就是毛发上的"重点色"，它们几乎只有双耳、鼻子、尾巴和四肢的末端是深色的。

重点色是由能够抑制色素显现的隐性C基因（c^s）带来的。重点色有一个特点，那就是毛色会在身体温度较低的地方变深，在身体温度较高的地方变浅。因此，暹罗猫的毛发会在体温较低的双耳、鼻尖、尾巴和四只脚上显现出较深的颜色。都说暹罗猫的毛色会随季节变化，这样说来就可以理解了。

另外，暹罗猫的颜色也会随着成长而改变：年幼时白色居多，之后随着成长变化逐渐变深。

根据温度改变毛色的基因

热的地方

冷的地方

**有颜色
的原因**
由于身体末端的体表温度较低，色素显现了出来，毛色也就变深了。

脸上的毛色
会随温度高低
发生变化

关于C基因，当基因型为C-（显性）时，猫咪全身上下都是有颜色的；当携带一对c^s（隐性）时，由于色素的产生受阻，毛色就变成了"重点色"。

任性又骄纵，
愿望是将主人占为己有

可能因为出身高贵，都说暹罗猫的性格有点"难伺候"。但其实它们只是有点任性而已，总的来说还是十分亲人，很会撒娇的。暹罗猫非常喜欢玩耍，喜欢上蹿下跳，但也喜欢独处，这大概就是它们傲娇——或者说娇纵十足的地方吧。

暹罗猫很重感情，但是考虑到任性的那一面，它们十分期待能够和主人建立起不容他者介入的极其亲密的养育环境。因此，暹罗猫特别适合单身人士或没有小孩的家庭饲养。和别的猫咪或小孩一起生活，可能会让它们感到心神不宁。

暹罗猫的柔韧性好，身手敏捷，最爱往高处跑，建议多给它们创造一些玩耍的空间，比如直通房顶的猫爬架和猫台阶。

暹罗猫是一种出了名爱叫的猫咪，但是经过品种改良后，近年来不怎么爱叫的暹罗猫越来越多了。别看是同一个品种，性格却可能很不一样，我们应该积极地去了解猫咪的个性，以此为基础为它们提供适宜的生活环境。

值得注意的是，也许是因为品种起源于热带国家，暹罗猫非常怕冷。尤其是冬季，主人一定要记得利用空调和电热毯等供暖设备来调节家里的温度和湿度。

不喜欢吵闹的环境

性格
不喜欢自己看家，喜欢能和主人亲密相处的环境。

暹罗猫大多喜欢和主人有身体接触，比如趴在主人大腿上或依偎着主人。

做好万全的防寒措施

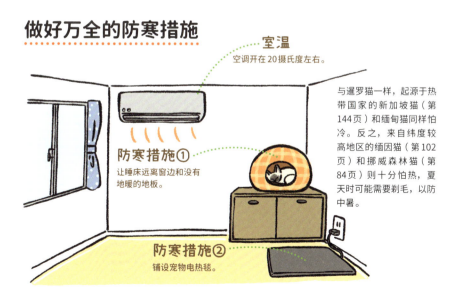

室温
空调开在 20 摄氏度左右。

防寒措施①
让睡床远离窗边和没有地暖的地板。

防寒措施②
铺设宠物电热毯。

与暹罗猫一样，起源于热带国家的新加坡猫（第144页）和缅甸猫同样怕冷。反之，来自纬度较高地区的缅因猫（第102页）和挪威森林猫（第84页）则十分怕热，夏天时可能需要剃毛，以防中暑。

巴掌大?!
世界上最小的猫咪

新加坡猫

宛如精灵般小巧的身体，新加坡猫是猫界体形最小的猫咪。不过"调皮"和"好奇心强"的性格却赋予了它们极大的存在感。

耳朵 大耳朵，杯形的深耳郭。

眼睛 大大的杏核形，周围有清晰的眼线，虹膜为绿色、金色、黄色等颜色。

口鼻 口鼻部短而宽，下颚发达。鼻头为粉色或棕色，也有带一圈棕色轮廓线的粉鼻头的猫咪。

肉垫 颜色为掺了粉色的棕褐色。

尾巴 又细又直，相对于体长而言较短。

毛发 "多层色"（单根毛发上有多种颜色的条纹，第130页）的毛发手感顺滑。

腿 看似很细，但肌肉发达，有一定分量，脚掌是小小的椭圆形。

身体 个子小，但肌肉发达。

活跃性 （活泼程度）		★★★★★
亲近与疏离 （喜欢主人的程度）		★★★★★
攻击性 （干架气场）		★★☆☆☆
社交性	（猫咪之间）	★★☆☆☆
	（对陌生人）	★☆☆☆☆

世界上最小的纯种猫

新加坡猫是世界上最小的纯种猫。从它们的名字可知，新加坡猫起源于新加坡。

这种原本生活在下水道里的小型野猫，在1975年被人带到美国，直到20世纪80年代以后，新加坡猫才被确立为一个独立的品种，并开始获得爱猫人士的青睐。不难想象，这种用双手就能捧起来的可爱小猫，转眼间就备受瞩目。虽然它得到品种认证不过区区几十年，但它们已存在超过300年。

小到可以捧在手心里

世界上
体形最小的猫

抱起来却发现意外地有分量。

和它们小巧的体形相反，体重并不算很轻。新加坡猫浑身长着结实的肌肉，脖子又短又粗。

	标准体重	本书中出现的纯种猫
小型猫	3千克以内	新加坡猫
中型猫	3~5千克	美国短毛猫 俄罗斯蓝猫 苏格兰折耳猫 曼基康猫 波斯猫 孟加拉猫 阿比西尼亚猫和索马里猫 异国短毛猫 暹罗猫
大型猫	5千克以上	挪威森林猫 布偶猫 缅因猫 英国短毛猫

能决定颜值的大眼睛

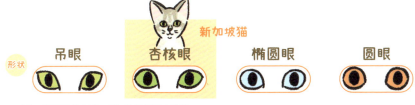

眼睛的形状因品种而异，新加坡猫属于杏核眼。

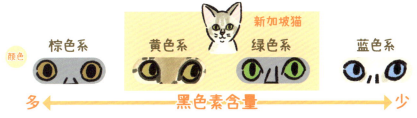

虹膜的颜色是由其黑色素含量决定的。新加坡猫的虹膜通常为黄色或黄绿色。也有像俄罗斯蓝猫这样，虹膜颜色固定的品种。此外，由于虹膜上的黑色素会不断沉积，颜色也可能在猫咪的成长过程中改变。

毛发 毛色是T基因与C基因的 突变型共同作用的结果

　　犹如它们的爱称"小精灵"，新加坡猫的毛色会随着光线的角度而变化，不时闪闪发亮。这种富有光泽的质感，源于每一根毛发上呈条纹状分布的多种颜色——多层色（第130页）。虽然在基因上只有深棕鼠灰色这一种毛色，但呈现出来的却是由古象牙底色与咖啡色交织出的复杂质感。

　　新加坡猫的"多层色"源于T基因的阿比西尼亚型Ti^A（显性）（第19页）。而四只脚、肚子和下巴底下的白色，则是C基因的c^b（隐性）（第12页）作用的结果。

活泼且好奇心强，
和主人躲猫猫是家常便饭

新加坡猫是一种非常重感情的猫咪。它们对主人很信任，而且性情温和，想必跟任何家庭都能很好相处。

新加坡猫不仅爱撒娇，还有活泼调皮的一面，由于需要很大的运动量，猫爬架之类的器材是必不可少的。和好动的性格相反，新加坡猫的叫声很小，而且它们很多时候都是自己安静地待着，所以在公寓等集合式住宅里饲养也没有问题。

小巧的体形让新加坡猫很容易在家里"消失不见"，尤其是角落太多的话，找起来肯定要花一番工夫。据说它们在被人类发现以前已经在新加坡居住了很久很久，可能正是因为它们善于隐藏而且身手敏捷，才在很长一段时间内逃过人类的视线。

别看新加坡猫这么有活力，其实它们也有敏感的一面。若是和其他品种的猫咪一起生活，以及和陌生人接触都会让它们感到有压力。因此，最好能让它们生活在少有外人出入的环境里。

新加坡猫的食量大多很小，不过这也是因为它们的"个子"原本就不大。主人一定要注意不能给它们吃得太多。

另外，因为习惯了新加坡终年高温的气候，新加坡猫很难接受寒冷干燥的环境。冬天寒冷难耐的时候，主人一定要记得调节好室内温度。

每天都要躲猫猫？！

最喜欢高处！
家具顶上自不必说，站在主人的肩膀上也是常有的事。

死角
小巧的身材让它们能轻易钻进家具的缝隙里。

虽然是小型猫咪，体重较轻，但体形属于圆滚滚的半短胖型（第101页）。

饭量要和体形成正比

新加坡猫

狸花猫

总的来说，食量是由体重决定的，不过好动的猫咪可以多给一点。一旦长胖就要对伙食做出调整，比如换成低热量高蛋白的猫粮。

食量标准
（成猫）

正常体重　千克
×
60～80千卡
=
每天必要的热量

80%	20%
猫粮	零食

后记

猫咪的其他毛色基因

除了前面介绍的毛色外，猫咪还有很多种充满个性的毛色。

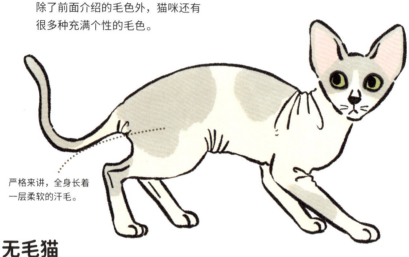

严格来讲，全身长着一层柔软的汗毛。

无毛猫

导致无毛的特殊基因。

　　说到无毛猫，最有名的品种应该是20世纪60年代因基因突变而诞生的斯芬克斯猫。如今包括未被认证的品种在内，世界上已有近10种无毛猫。有观点认为，无毛的成因之一是HR（Hairless）基因的作用结果，斯芬克斯猫就是因为携带了一对隐性hr基因才不长毛的。原产于俄罗斯的顿斯科伊猫与斯芬克斯猫外表相似，但其无毛现象则被认为是由其他基因导致的。虽然看上去一样，基因却并不相同。

　　值得一提的是，无毛猫的皮肤上是有斑块图案的。如果它们长了毛的话，毛色应该会和图案一致吧！

萤火虫尾巴

只有尾巴尖、四只脚和鼻头是白色的，很神奇。

　　小手电筒尾巴、蜡烛尾巴、萤火虫尾巴……这些名称都是用来形容猫咪的白色尾巴尖的。

　　身上的花纹明明不含白色，但是尾巴、四肢、鼻子等身体的末端部位却是白色或淡色的，拥有这种特征的猫咪很常见。

　　虽然目前还无法从遗传学角度解释这种现象，但科学家推测这可能与受精卵发育过程中颜色的分配方式有关，即在胚胎发育时，颜色以后背为起点，逐渐向身体的末端扩散。尽管目前还处于假设阶段，但后续的研究令人非常期待。

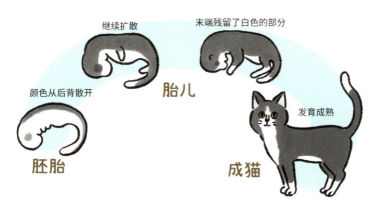

继续扩散

末端残留了白色的部分

颜色从后背散开

胎儿

胚胎

发育成熟

成猫

毛色基因虽然能控制猫咪的颜色，颜色的分布方式却是在受精卵的分裂过程中形成的。在胚胎阶段，猫咪的身体蜷缩着，鼻子、脚和尾巴尖靠得很近，这个区域如果是白色的，发育成熟后就会变成只有身体末端是白色毛发。我们常说"猫咪身上的花纹好像酱汁淋在了后背上"，毛色的分配机制或许正是如此。

卷毛

同样是卷成了卷儿，基因却很不一样。

　　你知道吗，有些猫咪的毛发是打卷的。这一类猫咪均来自海外，卷曲的毛发是基因突变的结果。比较有名的品种包括柯尼斯卷毛猫、德文卷毛猫和塞尔凯克卷毛猫。此外，近年来还有一个曝光率很高的名字——拉波卷毛猫，算是个新品种了。

　　这些品种虽然都属于卷毛猫，形成卷毛的基因却各不相同，因此，每个品种毛发的"卷"都有着独特的大小和卷度。至于它们的长相，鉴于血统不同自然也不会一样——每个品种都长得很有个性。

据说卷毛猫不爱掉毛，打理起来比想象中省事。

阴阳脸

越是难以置信越有魅力，
无论如何都想和它们见上一面。

　　所谓阴阳脸，是指猫咪脸上左右两侧的颜色不同。由于这种花色十分罕见，一旦被人发现就会迅速成为话题。从基因角度讲，它们其实和玳瑁猫没有区别。

　　谈论阴阳脸时，人们总会提到一个名词——奇美拉[①]，其含义是在一个个体上同时存在两种相异的基因。虽然这在遗传上不可能成立，但确实有人声称曾见过这种因染色体异常而产生的"奇美拉猫"。但可以肯定是，奇美拉和阴阳脸其实是两种完全不同的情况。

奇美拉猫身上会同时显现出某种基因的显性性状和隐性性状，因此能在它们身上出现通常无法想象的花色。

---

① 也译作"喀迈拉"，古希腊神话中怪异的精灵，有狮子的头和颈、山羊的身躯、巨蟒的尾巴。现指任何杂交动物或者合成兽，也可以指代"不可能的想法"。（译注）

🐾 猫咪性格研究的现状

如何了解猫咪的性格？

由京都大学展开的CAMP-NYAN项目目前正在对非纯种猫的性格进行研究。研究人员会对猫咪的主人开展问卷调查，并对猫咪进行行为测试，随后对收集到的数据进行分析。

其中，问卷调查是由猫咪的主人主观填写的，由于判断标准因人而异，无法保证数据的客观性，这种研究方式常被认为科学性不足，不过，只要样本基数足够大，最终取得的数据就会趋于稳定。CAMP-NYAN项目目前仍在寻求更多猫咪主人的支持。

另一方面，在行为测试中，研究人员会观察猫咪在特定环境下所做出的反应。例如在无人的房间里铺设塑料轨道，然后启动玩具列车，看看猫咪会怎样做。有的猫咪会表现出强烈的兴趣，用爪爪去触碰，有的猫咪则是一副漠不关心的样子。当然也有一些猫咪会直接躲到角落里，蜷缩成一团。

可以说，问卷调查和行为测试分别是从主观和客观的角度对数据进行采集，研究人员将尝试从这些数据中总结出猫咪的性格特征。

样本基数越大，呈现出的性格倾向也就越清晰，越有可能建立起一套科学的评判标准。

基因与性格的关系

首先我们需要回答一个问题："性格"是什么？

所谓性格，是指一个个体特有的气质和行为方式。**生物的性格，被认为是由遗传因素和环境因素共同塑造而成的。**即使是同一只猫咪，在不同的养育环境下也可能形成截然不同的性格。

无论是人类还是猫咪，在成长过程中学习如何与外界发生关联的时期被称为"社会化阶段"，这个时期的环境因素对于性格形成有着决定性作用。猫咪的社会化阶段被认为在出生后的3到7周。这时的环境因素，比如是否有母猫陪伴、人类如何养育，对猫咪性格的影响将远远大于它们此后的生活。

接下来是遗传因素。

性格的形成被认为和催产素、血清素、多巴胺等神经递质有关。分泌和接受神经递质的器官存在于大脑，而基因可以改变神经递质受体的结构和分泌量。因此我们可以认为，基因能够对神经递质的功能产生影响，进而在一定程度上决定生物的性格。

而在 CAMP-NYAN 项目的行为测试中，由于猫咪们在一些行为上呈现出明显的两极化倾向[1]，研究人员推测"这种差异可能和基因有关"，并已开始对此展开研究。

此外，由于能够控制毛色的黑色素与多巴胺有关，也有观点认为，毛色与性格之间多少存在着一些联系。

---

[1] 如在测试开始后，一些猫咪会过来用头蹭研究人员，另一些猫咪则不会。

话虽如此，这项研究目前仍处于起步阶段，很多假设尚未被科学验证。我们常说的"橘猫亲人""黑猫聪明"，其实是一种类似刻板印象的、强行将毛色与性格关联在一起的解释。

不管未来怎样，猫咪的基因研究还有很长的路要走。随着科学的发展，终有一天我们将会解开猫咪的毛色与性格倾向之间的秘密。

今后一定还会有更多关于猫咪的秘密被我们发现，就让我们拭目以待吧！

遗传因素

环境因素

基因研究的未来

如今，世界上已经出现了名为"定制化医疗"的服务。顾名思义，定制化医疗就是根据每位患者不同的体质，提供与之相匹配的医疗服务。近年来，基因研究已经能够让我们在一定程度上了解到每个人的患病倾向及其适用的药物，进而采取最佳的治疗方式。

而对猫咪来说，如果能够掌握它们患遗传疾病的倾向，同样可以有针对性地予以治疗。随着科学的发展，也许有一天我们也可以实现"基因定制化医疗"。

在自然界中，猫咪原本是一种单独行动的动物，这使得它们有着极强的疼痛耐受能力。因为一旦被捕食者看到自己虚弱的样子就有可能丢掉性命，它们在世代繁衍进化时，"痛苦外露"的习性早已被淘汰。因此，当我们发现猫咪的疾病显出端倪时，它可能已经病得很重了。对于猫咪的医护工作者来说，这是一个常识。

今后随着基因技术的发展，也许我们还将了解到有哪些因素会对猫咪的健康构成威胁，进而采取措施来预防疾病的发生。那样的话，我们就能让猫咪过上更幸福的"猫生"，使它们尽可能地远离病痛折磨。

可以说，基因研究肩负着提高猫咪生命质量的使命。而猫咪的生命质量又直接关系着它主人的生命质量。因此，从这个角度讲，对于基因研究的前景，我们不妨拭目以待！

基因能否揭示性格匹配度？

关于基因，最后还有一个大家都关心的问题。

我们能否通过基因了解猫咪与猫咪之间，或猫咪与人之间的性格匹配度呢？

对于这一问题，CAMP－NYAN项目给出了这样的解释：目前人与人的性格匹配度尚不能通过基因确定，更别提猫咪了。

不过，据说科学家们针对这一课题已经开始尝试进行相关的研究，或许将来有一天，我们真的可以在基因层面同猫咪建立连接。

图书在版编目（CIP）数据

与猫共处：猫咪毛色与性格的基因密码 / 日本X-
Knowledge著；（日）荒堀实，（日）村山美穂编；丁楠
译. -- 广州：岭南美术出版社，2025.5. --（万物图
解）. -- ISBN 978-7-5362-8083-0

I. S829.3

中国国家版本馆CIP数据核字第2024644HQ1号

图字：19-2025-031 号

NEKO WA KEIRO TO MOYO DE SEIKAKU GA WAKARU ?
© MONORI ARAHORI & MIHO MURAYAMA 2023
Originally published in Japan in 2023 by X-Knowledge Co., Ltd.
Chinese (in simplified character only) translation rights arranged with
X-Knowledge Co., Ltd. TOKYO,
through g-Agency Co., Ltd, TOKYO.

出 版 人：刘子如
责任编辑：傅淑雯　张旭凌
责任校对：林　颖
责任技编：谢　芸

sendpoints

善 本 文 化

选题策划：善本文化产业（广州）有限公司

出 版 人：林庚利

主　　编：吴东燕

策划编辑：黄宝敏

执行编辑：黄宝敏

书籍设计：林坤阳　张子晨

公司官网：www.sendpoints.cn

与猫共处　猫咪毛色与性格的基因密码

YU MAO GONGCHU MAOMI MAOSE YU XINGGE DE JIYIN MIMA

出版、总发行：岭南美术出版社（网址：www.lnysw.net）

（广州市天河区海安路19号14楼　邮编：510627）

经　　销：全国新华书店

印　　刷：深圳市精典印务有限公司

版　　次：2025年5月第1版

印　　次：2025年5月第1次印刷

开　　本：787 mm×1092 mm　1/16

印　　张：10.5

字　　数：107千字

印　　数：1—3000册

ISBN 978-7-5362-8083-0

定　　价：98.00元